5Gビジネス

# 5G來了！

**生活變革、創業紅利、產業數位轉型，**
**搶占全球2510億美元商機，**
**人人皆可得利的未來，你準備好了嗎？**

野村綜合研究所
**龜井卓也**

劉愛夌〔譯〕

# 推薦序

# 關注5G商用必讀的一本好書

今年夏天，5G熱到最高點，在台灣幾乎每週都有以5G為主題的研討會。二〇一九年是5G商用元年，很多民眾可能是最近才開始關心5G，但對於台灣許多從事5G研發的業者而言，這是過去五年努力成果發光發熱的一刻。

二〇一五年九月，國際電信聯盟的無線電通信部門（ITU－R）正式訂定了5G標準技術規格，以及「高速大流量通訊（eMBB）」、「高可靠度低延遲通訊（URLLC）」與「大規模機器型通訊（mMTC）」三大應用主軸。與過去幾代以服務人為主的移動通訊技術最大的不同在於，5G的服務對象擴增到了萬物聯網，進一步帶來人與萬物的深度融合。5G這個全球性的完美風暴，緊密結合了大數據、雲端計算、人工智慧、物聯網、車聯網、自駕車、工業4・0、虛擬與擴增實境等尖端技術的發展，預期將帶給電信、製造、醫療、運輸、能源、金融、娛樂、教育、零售等行業新一波創新升級的助力，也將帶來人類社會革命性的改變。

本書作者龜井先生從二〇二X年5G生活情境介紹出發，帶領民眾體會5G服務的即時性與便利性，文字敘述生動活潑，讓人有身歷其境之感。在進入5G主題後，分別從移動通訊技術的演進、5G時代生活變化與商業轉型三方面，說明5G國際競爭態勢、對民眾生活與垂直行業發展的影響。其中談到，日本四大電信營運商積極面對5G即將引爆的龐大企業垂直應用商機，放棄損人利己的商業模式，改以結合企業團體共通開發、共同服務的B2B2X互利模式，足可作為全球電信營運商轉型發展的典範。在企業商業轉型方面，則談到日本製造業期待透過5G，加速邁向工業4・0與日本「自營5G網路」的政策方向，對經濟發展同是以製造業為主的台灣來說，應可提供企業主與政府產業政策推動之參考。

本書後半部談到5G的風險與因應之道；簡而言之，未來5G將無所不在，對民眾日常生活與企業商業活動造成深度影響，如5G網路的建設成本初期較高，電信營運商如何在5G網路覆蓋和應用推進與獲利上取得平衡、提供個人資料或可帶來5G服務便利性，卻也同時引發個人隱私安全的疑慮、後5G時代不可避免造成數位建設的城鄉差距，中央與地方政府該如何因應縮小數位鴻溝等。

文末，作者點出了二〇一九年也是6G研發啟始的一年，借鏡5G發展軌跡，移動通訊系統勢必持續演進，可作為學研界前瞻研究資源投入的參考。

最後，我要感謝龜井先生，在5G商用元年寫了這本5G科普書，以及新樂園出版社和劉愛夌小姐，在這麼短的時間就帶給台灣讀者中文譯本，5G這股熱潮必將持續延燒、發光發熱。

經濟部　新世代通訊技術推進辦公室主任
**許冬陽**

推薦序

# 5G讓我們的未來更Smart

5G新世代、5G大未來，打開電視、翻閱報章雜誌，5G成為時下最被討論的話題，你知道什麼是5G嗎？

正當國際關注的焦點都在中美貿易戰，這場戰爭看似因貿易失衡所掀起的戰爭，實際上已延伸至5G（第五代行動通訊技術）的科技爭霸戰。

原因來自於全球有許多國家地區都已往5G發展，美國雖是5G發展的先鋒，但面對中國快速崛起、且投入比美國更鉅額的投資在5G的發展，技術進度有領先的趨勢，都讓美國總統川普倍感壓力，這也是為何川普在二〇一九年四月一場演說中發表：「5G是美國必須贏得勝利的競賽。」世界兩大強國的角力賽，說明了5G的重要性，誰能擁有5G，誰就是世界的霸主。

如果你還不知道甚麼是5G，可以藉由《5G來了！》豐富你的資訊；如果你已經知道5G，更可以透過本書了解5G如何為科技帶來創新的發展，為我們的生活帶來充滿希望的改變，而究竟5G能帶來什麼樣的商業革命？

本書的作者為來自野村綜合研究所ICT的龜井卓也（Kamei・Takuya），他用最簡單淺顯易懂的字眼，鮮少提到艱澀的專有名詞，無論你是科技專家、或科技素人、公司經營階層、上班族、家庭主婦、學生，包含一般的股票投資者，都能夠從他的書裡輕鬆地認識5G。

本書從序章開始就非常吸引目光，因為作者舉了幾個未來會發生的案例，讓讀者一窺5G如何讓我們的未來更科技、更創新、更便利，充滿驚喜，猶如電影般的情節活生生的出現在我們的未來，這些發展都令人期待。除了序章之後共有五個章節，從第一個章節：為何5G如此火紅。第二章：進行案例分析，讓我們知道5G對生活層面帶來的改變，娛樂新體驗、車聯網、從「智慧型城市」到「超智慧社會」等等；第三章5G時代的商業轉型，第四章5G所帶來的風險；第五章：5G時代的應變之道；內容章章精彩，讓人耳目一新。

二〇一九年為5G元年，二〇二〇年5G進入全球商轉，我們台灣在二〇一九年行政院核定了「台灣5G行動計畫」，總統也宣布二〇二〇年進入5G時代，在5G的全球經濟發展中，我們也將占有一席之地，如果你還沒有跟上5G的趨勢，可以透過此書開啟5G的視野，迎接充滿希望且更美好、更Smart的未來。

葉芳的股市贏家世界創立者

**葉芳**

推薦序

# 5G為AR／VR的發展安上一對起飛的翅膀

自二〇一六年後，AR／VR科技開始於國際市場嶄露光芒後，各大企業與新創團隊均看好其商業價值以及內容應用開發的潛力，因此紛紛搶進投入。發展至今，不論是AR／VR硬體裝置，相關的數位內容與商業應用開發，或是多元線上／線下銷售通路等，都已逐漸成熟，在產業內部以及市場間，生態圈的串聯也愈形緊密。

隨著全球對AR／VR的關注提高，影響力也逐漸滲透各行業當中，產生愈來愈多市場需求跟行業應用；然而，為了朝向更優質的AR／VR體驗，對網路環境的要求也就相對應的提高，因此當具有大頻寬、高速傳輸率、低延遲等特性的5G通訊技術出來後，無疑為AR／VR的發展安上一對起飛的翅膀，成為AR／VR

產業賴以為生的技術。

5G技術，解決很多AR／VR在應用上的諸多痛點，例如，5G將運算走向雲端，使AR／VR設備不需配有高規格的CPU、GPU等零組件，僅須完成資訊傳輸和解碼功能，使得設備成本降低，這就有利於XR設備的普及和幫助XR裝置實現「無線化」，甚至輕量化現有的頭盔裝置。同時，5G也將讓消費者透過AR／VR裝置的內容即時上傳和推播，讓資訊無縫接軌、交換與接收於虛實的介面環境中；因此就如同本書第二章「5G時代的生活變化」中提到的，娛樂新體驗之案例描述般，讓無法到場欣賞運動賽事或聽演唱會的觀眾們，能透過VR直播，在VR中觀賞現場活動進行，及擁有真實感更強的沉浸體驗感受。

結束了二〇一九年，我們進入新一個十年，如AR／VR、AI、IOT等新興技術跨域匯流也造就了新的市場和新的商業模式，5G則是讓技術跨域融合並落地發生到我們生活中關鍵，身為AR／VR新科技並新創產業生態圈建構的推手，我非常期盼5G為我們新科技融合帶來的契機，並在生活中的體驗轉變。

透過這本書，將能讓你更輕鬆明白5G的技術原理，以及在生活情境中的各類應用，進而能掌握先機，在 5G 起飛之初，就能帶領我們的企業或產業，找到自己的位置，一起乘風而上，進入更大的市場和商機成長潮中。

The Future is now，數位經濟未來已經降臨，我們期待看到台灣產業跟企業都能在當中趁勢而飛，更加成長、茁壯。這波 5G 浪潮，你準備好加入了嗎？

TAVAR 台灣虛擬及實境產業協會　理事長
**謝京蓓**

# 前言

日本即將於二〇二〇年春天全面推行5G。這無疑是通訊界的一大革命，5G也因而成了現下最夯話題之一。每天打開電視、翻閱報章雜誌，大家都在討論「5G（第五代行動通訊技術）」。

本書的解說方式簡單易懂，帶各位輕鬆認識5G。就算你是「科技素人」、「通訊小白」，對通訊技術一竅不通，也不用擔心看得「霧煞煞」。

說到「5G」，你會想到什麼呢？一般人只知道5G是比4G快的通訊技術，能加快網路速度，幾秒鐘就能下載一部電影……但其實，這只是5G技術革新的冰山一角罷了。5G蘊藏了豐富的可能性，除了智慧型手機、平板電腦，還能廣泛運用在生活的各個角落。

生活面以外，5G對商界的影響也不容小覷。在5G的輔助下，各行各業都將「再進化」，為商務人士帶來更多的發展機會。

本書收錄了世界各國發展5G的先例，多方位分析5G將如何改變我們的生活和商業模式。各章節簡介如下——

在序章中，我會透過幾則虛構的「未來案例」，帶大家一窺5G時代的生活方式。為了讓大家更了解5G，第一章將從「行動通訊」的歷史談起，介紹5G所引發的技術革新。想知道全球各地的5G發展狀況嗎？5G今後又將如何發展？看本章準沒錯！

第二章則用先行案例分析5G會為我們的生活帶來何種改變，像是5G除了運用在智慧型手機上，還能讓娛樂、交通、醫療、看護出現什麼樣的發展？5G和「認證功能」和「個人化」結合後，能變出什麼新花樣？都市又將呈現何種新樣貌？繼智慧型手機之後，會出現什麼樣的個人化裝置……等。

看完5G對生活面的影響，第三章要將重點放在商業，剖析5G對各行各業的影響，包括公用事業（水電瓦斯等）、製造業、公共安全（防盜保全等）、大眾運輸產業……等，都將出現前所未有的變化。當然，通訊業本身也會受到影響，其中最重要的，就是商業模式將從原本的「B2C」、「B2B」轉為「B2B2X」。怎麼變化？如何影響？詳情請見第三章。

前三章都在介紹5G的優點，第四章則要帶大家探索5G的「黑暗面」，認識5G可能引發的風險。而面對即將來臨的5G時代，我們應做好哪些準備？第五章見分曉。

除了5G，本書還介紹了各式各樣的通訊技術，以及目前最熱門的通訊話題。這不僅僅是5G專書，更是一本「通訊入門書」。想知道通訊業在「賣什麼藥」嗎？通訊技術對社會又有哪些影響？讓本書告訴你。

本書是基於二〇一九年四月前的資訊所寫成。書中沒有特別標明出處的案例，消息皆來自各公司的官方聲明又或是官方網站。

二〇一九年六月

龜井　卓也

# 目錄 CONTENTS

## 01 序章


202X年，某天——20

5G為何如此火紅？

1 行動通訊系統的變化——36
2 支援5G的技術革新——41
3 5G國際爭霸戰正式開打！——53
4 日本有何優勢？——68

## 02 5G時代的生活變化

1 智慧型手機的革新 80
2 5G的娛樂新體驗 85
3 「車聯網」的革新 95
4 醫療、看護現場的改變 103
5 認證與個人化的革新 114
6 從「智慧城市」到「超智慧社會」 123
7 繼智慧型手機之後登場的是？ 130

## 03 5G時代的商業轉型

1 5G帶來的產業衝擊 140
2 公共能源產業革新 142

3 製造業的革新——工廠與生產線的轉變 153
4 公眾安全大躍進——與人工智慧結合，陸空雙重監視 164
5 大眾交通產業的革新：從交通工具到「交通行動服務」 175
6 通訊業界也革新——「B2B2X」將成為關鍵 186

# 04

## 5G的風險

1 不期不待沒有傷害？ 193
2 個資隱私問題 196
3 日益擴大的評分機制 204
4 都市與地方間的「數位差距」將愈來愈大？ 212
5 天有不測風雲，5G也有難航風險 216

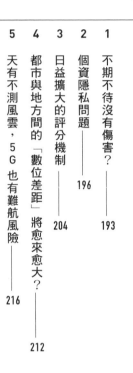

# 05

## 5G時代的應變之道


1 主角換人做做看——221
2 5G時代的基本結構——225
3 服務供應商的應對之道——228
4 「一切皆服務」——朝「訂閱型服務」邁進——231
5 後5G，然後是6G——235

# PROLOGUE
# 序章

# 202X年
# 某天

在正式介紹 5G 之前，我們先來閱讀幾則「未來案例」，搶先一窺 5G 將如何改變這個社會。

プロローグ：202X 年、ある日の風景

## 小彩・二十多歲・都會上班族

這天是週末假日，小彩跟朋友麻衣約好一起去看演唱會。算了算時間，她決定提早出門，先去買東西再跟麻衣會合。

小彩平常都是搭電車上班，這天她原本也打算坐電車去，然而查詢轉乘資訊後，手機卻顯示「演唱會場地附近的購物中心還有空停車位」、「您住的大樓附屬汽車共享服務目前有一台空車」，這讓小彩改變了主意：「我正好要去買東西，那今天就換個心情，開車去購物中心吧。」

使用汽車共享服務必須支付「單日保險費」，但因為小彩開車一向小心，從未出過什麼差錯，所以可享有保費優惠價。小彩對這個價格相當滿意，只要她今天也小心開車，下次就可以享有更多折抵。

**5G時代的轉乘查詢對象不限於電車或公車，還包括汽車共享、單車共享，甚至自家汽車……等，由系統多方位計算出最佳移動方式。**

**小彩之所以能夠享有保費優惠，是因為這個時代的汽車能在駕駛期間蒐集各種資料，讓保險公司依照駕駛人的開車狀況計算下一次的保費。**

進到購物中心後，入口的自動辨識系統認證了小彩的手機。正當小彩逛得正開心時，書店前的螢幕突然出現小彩定期購買的雜誌特集，她這才想起自己這個月忘了買雜誌，急忙進書店拿了一本，沒有到櫃台結帳就離開。

**認證功能在5G時代出現高度進步，自動認證、隨時認證都不是問題。因小彩進購物中心時已通過自動認證，所以無須特別到櫃台結帳，系統就會透過App從她綁定的信用卡扣款。**

離開購物中心後，小彩到會場入口與麻衣會合。進場時，小彩已將演唱會門票輸入手機的App裡，所以無須實體票券即可自動認證。

因會場比想像中的大，小彩和麻衣一時找不到自己的座位。正當她們左顧右盼、不知如何是好時，兩人同時收到了這樣的手機簡訊：「請從反方向入口進場，即可看到您的座位。」

小彩和麻衣依指示從反方向的入口進場，果然馬上找到座位，趕上了開場時間。

**5G時代的認證功能相當多元，會場內的攝影機偵測到小彩和麻衣的動作，判斷她們應該是「找不到座位」，便傳送座位資訊到兩人的手機。**

演唱會開始後，兩人看得非常開心。然而，當台上開始表演以舞蹈為主的歌曲時，小彩感到有點掃興，因為她們的座位離舞台太遠了，根本看不清楚，這讓她忍不住轉頭跟麻衣抱怨：「好想近一點看喔……」

麻衣聽到小彩這麼說，從包包裡拿出折疊式的智慧型手機，按了幾下後拿給小彩道：「那就用手機看吧。」

手機正播放近距離的舞台畫面。多虧了麻衣，小彩才能近距離欣賞這首歌曲的舞蹈。

**5G具有「大流量」和「高速」的通訊特性，能即時傳送多個鏡頭所拍攝到的表演畫面。這麼一來，即便是人在現場的觀眾，也能從多角度欣賞演唱會。**

**高畫質影片要用大螢幕觀看才過癮，為了讓用戶能隨時隨地用大螢幕看片，推行5G後，各家廠商紛紛推出「摺疊式智慧型手機」。**

演唱會結束後，兩人按捺不住興奮的情緒，一起到購物中心的咖啡酒吧大聊感想。

此時，麻衣再度拿出摺疊式智慧型手機，和小彩一起觀賞剛才的表演影片，回味精彩畫面。

之後，兩人關掉影片準備回家，畫面出現「你可能會有興趣的其他歌手……」的演唱會推薦廣告。麻衣約小彩下個月一起去看其中一場，小彩一口答應。

小彩才將演唱會行程輸入手機，手機便自動幫她預約了當天的共享汽車。

**5G普及後，推薦功能將愈來愈精準。一旦使用了推薦功能，系統就會自動啟動相關功能，非常方便。**

小彩因為太高興，在咖啡酒吧裡點了酒來喝，所以回程只能搭電車，停在購物中心的共享汽車則由麻衣開回家。兩人約好下個月演唱會見後，便互相道別。

睡前，小彩在床上翻閱今天買的雜誌，她對手機說：「放點音樂來聽吧。」手機便開始播放她下個月要去看的演唱會歌手的歌曲。夜色已深，手機選的都是適合放鬆的慢歌。「好期待下個月喔……」小彩滿懷雀躍的心情，漸漸進入夢鄉。

**隨著認證功能的進步，汽車共享這類共享服務也愈來愈人性化。在認證功能的輔助下，每個功能都能夠彼此配合。除了滿足用戶的要求，系統也會依據時間、天氣、場合等周遭環境資訊，為用戶提供最恰當的服務。**

## 健太．四十多歲．工廠生產管理負責人

健太是汽車零件工廠的生產管理負責人，每天都是開自己的車上下班。這天他一

如往常，從家附近的交流道上高速公路，正當他打算變換車道超車時，系統偵測到後方有來車，立刻發出警示音提醒健太：「嗶嗶嗶！後方有來車，請勿變換車道！」

健太的車沒有窗邊後照鏡，取而代之的，是將後方鏡頭拍攝到的影像即時投射到前方的擋風玻璃上。只要後方一有車子靠近，影像就會標示出來車的距離、車速以及差距秒數。

因健太的車速較慢，剛才若變換車道很可能會引發追撞。健太急忙對車子道謝：「好險，幸好有你。」

**5G能將鏡頭拍到的影像即時傳給駕駛。該功能不僅取代了後照鏡，還能立刻計算出來車資訊，強化駕駛安全。**

下交流道後，健太來到一個十字路口。正當他準備右閃避開前方的左轉車時，車子的警示音再度響起：「嗶嗶嗶！對向車道有右轉機車，請小心前進！」原來是前方車輛將拍攝到的影像傳到健太的擋風玻璃上，幫助健太確認路況。看到那台右轉機車，健太心想：「天吶，這台機車也太危險了吧……」

**5G時代的汽車都處於連線狀態，能夠彼此傳送影像，幫助其他車輛確認路況以做出反應。**

抵達工廠的停車場後，健太將車子轉換成自駕模式，利用自動停車的空檔確認今天的工作行程。下車後，健太前往辦公室，換好工作服便進入工廠。

**一般車道要推行完全自動駕駛，有較多困難要克服，在限定的空間內（如停車場）則相對地較容易。有了5G後，在特定的區域或建築物等受限的環境中，人人都能成為「通訊業者」。**

工廠裡的生產線已全面自動化，處處可見機器手臂在進行協調作業。這套系統由位於國外的總公司從雲端上的演算法進行控制，機能日漸完善，機器手臂的動作也非常流暢。

健太的工作是控制日本國內生產量。他平常負責接洽汽車公司的客戶，最了解客戶的訂貨狀況。除了參考以前的貨量，工廠內還有一套人工智慧（AI）系統，能預測汽車業界的需求和景氣動向，試算出最佳生產量。最後再由健太進行多方面評估，設定生產線。

**當工廠有多台機器通訊時，通訊品質很容易參差不齊。5G 技術可充分解決這方面的管理問題。**

時間來到下午，今天的生產線工作大致都已設定完成。健太將生產線交給下屬管理，自己則跟業務部的翔太一起去拜訪客戶。因客戶公司就位於車站附近，兩人決定搭電車前往。客戶對健太管理的零件品質非常滿意，兩人又為公司爭取到一張大型訂單。

回程的電車上，翔太向健太提議：「要不要一起去喝一杯，慶祝拿到訂單？」因健太的車還停在公司，他用 App 查了一下交通資訊，發現下一站有公車會經過他家。

「好哇！不過我們可以到下一站喝嗎？這樣我回家比較順路。」健太才說完，電車裡的廣告螢幕偵測到兩人的對話，立刻播放下一站新開幕居酒屋的介紹影片，還強調現在剛好有位子。翔太見狀，立刻用手機預約了那家店。

**現在的電車都是重複播放固定廣告，有了5G後，就可以隨時蒐集周遭資訊，依需求推播廣告**。

下了電車，兩人在翔太手機的導航下順利到達居酒屋。酒過三巡後，健太發現最後一班公車馬上就要來了，只見兩個大男人急急忙忙衝出店外，健太也在千鈞一髮之際順利上了車。當然，翔太在預約時就已通過認證，所以沒有到櫃台結帳，App 就已自動扣款。

坐上公車後，健太傳簡訊給翔太：「謝謝你，好險有趕上。」

## 源伯．七十多歲．外向活潑的退休族

源伯大半輩子都獻給了公司。退休後，兒子媳婦邀請源伯夫婦搬到市中心與他們比鄰而居，但源伯拒絕了，如今源伯與妻子兩人住在鄉下，過著身心健康的快樂生活。

源伯從年輕就對攝影情有獨鍾，現在他已不用相機拍照，改用智慧型手機，還參加了攝影同好會。

這天他像往常一樣，準備坐個人代步車去與同好聚會。上車後源伯對導航系統說：「我要到平常去的社區活動中心。」系統接收到指令，便載著源伯從家裡出發。「前面右轉」、「前面停紅燈」——一路上，導航系統不斷為源伯報路，且源伯無須自己駕駛，只要回答「好的」即可進行語音操控。

**在5G的輔助下，個人交通工具出現了高度進步，不但可以導航報路，還能幫忙操縱駕駛。**

源伯出發後，兒子真一的手機立刻收到「源先生已出門，目前正前往社區活動中心」的通知簡訊。事實上，這台代步車是真一送給源伯的，只要源伯坐上代步車又或是發生意外，系統就會立刻通知真一。

兒子雖然不在身邊，卻透過代步車關心守護父親，這讓源伯感到相當窩心。

**現在不靠5G也可做到遠距離監控。但有了5G後，個人交通工具也能擁有通訊功能，大幅增加了便利性。但此功能牽涉到隱私問題，一定要取得用戶的同意，且只能傳輸最低限度的必要資訊。**

源伯抵達社區活動中心後，開始和其他同好分享自己的攝影作品，彼此交流意見。最近源伯偏好用智慧型手錶操縱手機，拍攝一些構圖較為特別的照片。

這支智慧型手錶除了有手錶和操作手機的功能，還會隨時將源伯的心跳數和心電圖傳給醫院。一旦察覺有異，醫院就會立刻發出警示音，通知源伯和兒子真一。

以前，有一次醫院發現數值異常，向源伯發出警報。因源伯沒有回應，又沒接真一的電話，真一當下立刻聯絡急救中心，透過手錶傳來的位置資訊，派救護車趕到源伯的所在地，這才撿回源伯一條命。自此之後，源伯就一直手錶不離身，每天帶著智慧型手錶「趴趴走」。

**穿戴式裝置和智慧型手機功能不同，今後頗有普及的趨勢。5G 能幫助醫療機關即時掌握用戶的心跳數和心電圖，在緊急時刻即時處理。**

真一看到源伯出門的簡訊，不禁鬆了一口氣：「老爸今天又去聚會了，看來身體狀況應該不錯。」這時，真一的兒子小崇一臉雀躍地跑了過來，「爸爸，你覺得今天的棒球賽，哪一隊會贏啊？」源伯、真一、小崇一家三代都是棒球迷，今天晚上還約好了要一起看比賽。

源伯與攝影同好討論得不亦樂乎，久久才注意到手機有真一傳來的簡訊，上面寫著：「今晚比賽是六點開打，別遲到了喔。」源伯這才想起今晚有棒球比賽，急忙啟程回家。

到家後，源伯坐上視聽室的沙發，戴上VR頭套。有了VR（Virtual Reality，虛擬實境）後，人們不用親臨比賽現場，在家就能享受觀賽的樂趣。

此時，時間還不到六點，源伯總算是趕上了。

**VR通訊量龐大，又講究即時性，非常適合與5G配合使用。**

另一方面，真一和小崇也已抵達棒球場。小崇憂心道：「不知道爺爺準備好了沒……」才說完，真一的手機就收到「VR組合已就位」的通知，他告訴小崇：「別擔心，爺爺已經準備好囉。」

真一和小崇就位後，便啟動座位上的平板電腦。這座棒球場在打擊區和本壘板設有多顆鏡頭，以便將各個角度的畫面傳到觀眾席的平板電腦中。觀眾可自由點選喜歡的觀賞角度，又或是重播沒有看到的精彩畫面，真一還能透過連線，與小崇甚至源伯通話聊天。

源伯和真一父子都已就緒，比賽即將開打。這場比賽由他們支持的球隊先攻，打擊者第一球就擊出全壘打，小崇高興得高聲歡呼，在家裡觀賽的源伯，也忍不住大聲叫好。

雖然不住在一起，卻能與兒子孫子一起看棒球，源伯心中盡是滿足。

## 5G時代不限於單方面的傳送接收，還能做到互動式的雙向交流

◇◇◇◇◇◇

看完這三個案例，各位有何感想呢？應該對5G時代的生活模式更有頭緒了吧？

跟當初3G轉4G一樣，5G將帶來無法預測的新功能、新服務，大幅改變我們的生活與商業型態。

5G將引發什麼樣的改變與革新呢？還請各位繼續看下去。

CHAPTER

01

# 5G為何如此火紅？

5Gが話題になる理由

# 1 行動通訊系統的變化

## 從行動電話到「行動平台」

「5G」是指「第五代行動通訊技術（5th Generation）」。行動通訊系統一路從1G、2G、3G，發展到現在主要使用的「4G」。有些人除了「4G」，應該也聽過4G的傳輸技術「LTE（Long Term Evolution，長期演進技術）」。

在本章的一開始，我想先帶大家簡單回顧行動通訊的歷史。

一九七九年，日本電信電話公社先是推出了車用電話，一九八〇年接著推出能夠隨身攜帶的「行動電話」。當時還是1G系統，1G的原理跟廣播電台差不多，都是使用「模擬通訊方式」，將聲音轉換成電波訊號。

之後行動通訊系統，約每十年革新一次。

一九九〇年後，行動通訊進入「2G時代」。因模擬信號的傳輸品質較不穩定，傳輸距離也有限，為了解決這個問題，人們開發出2G技術，用「數位化方式」將聲音轉換成0與1組成的數位訊號，再經由電波傳送出去。

該技術出現後，訊號傳輸變得更容易，手機除了通話，也開始支援簡訊等文字傳輸功能。

到了一九九九年，日本NTT DOCOMO❶公司推出i-mode上網服務，為行動通訊掀起了歷史性革命。同一年，DDI-Cellular❷（現KDDI／沖繩行動電話公司，以下統稱為「KDDI」）也推出「EZweb」上網服務。隔年J－PHONE❸開始支援「附照片」的電子郵件傳輸功能。

到了這個時代，手機已從「行動電話」進化成「行動平台」，前者讓人類能夠隨時隨地通話聯絡，後者除了通話還支援各種功能。

譯註①：日本電信公司名稱。
譯註②：日本電信公司名稱。
譯註③：日本電信公司名稱，軟銀（Softbank）的前身。

## 智慧型手機的出現

i-mode和EZweb雖然能夠上網，但仍屬於2G的範疇，直到二〇〇一年「3G」才粉墨登場。3G是第一種「國際標準化」的行動通訊系統，即使人在國外也能使用本國手機。

二〇〇一年，日本NTT DOCOMO公司搶先全球，在國內推出3G網路「FOMA（Freedom of Mobile Multimedia Access）」。從2G轉為大流量高速的3G通訊後，i-mode和EZweb等行動平台功能也隨之快速普及，不過，這時民間仍以功能型手機為主流。

二〇〇八年，軟銀（Softbank）開始銷售日本國內第一支iPhone——「iPhone 3G」，自此，智慧型手機銷量暴增，軟銀在市場上的地位也隨之大幅提升。iPhone 3G在日本上市，具有劃時代的重要意義，一直到今天，iPhone在日本的市占率依舊居高不下。

3G普及後，又陸續開發出更快速的「3・5G」和「3・9G」通訊技術。前

**圖1　行動通訊技術第一代到第五代的演變過程**

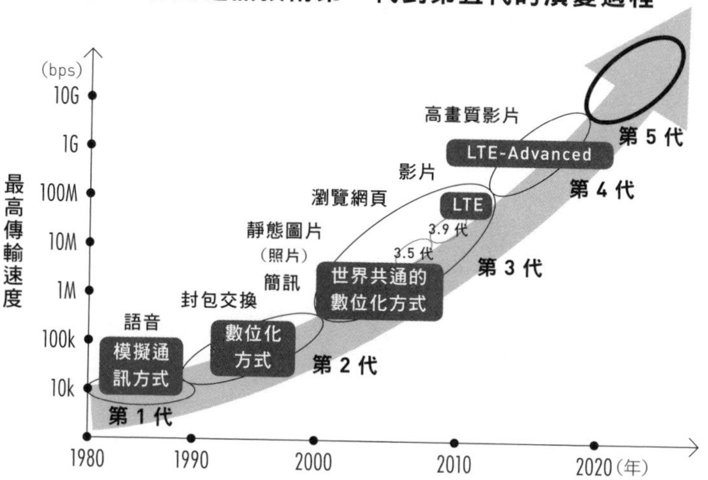


此圖係參考日本總務省❹公布的資料製成

面提到的「LTE」，嚴格來說只能稱作「3・9G」。

一直到二〇一二年，國際通訊標準化機構才整合出下一代的通訊方式——「4G」。

在4G環境下，智慧型手機的功能愈來愈多人使用，類型也不斷推陳出新，像是需要大流量傳輸的手機遊戲、影片網站等，都在這段時間快速普及。

4G催生出的新客群、新服務形成了一套良性循環，為智慧型手機開創出巨大的網路市場。

譯註④：日本中央省廳之一，相當於台灣的內政部。

## 5G 正式商用化

以上就是行動通訊系統和手機功能的簡易發展史。簡單來說，「1G」只有語音通話，「2G」多了簡訊功能和手機上網，「3G」開創了行動平台，「4G」開始支援大流量。

每一代系統都催生出具有革命性的新功能，而系統為了滿足新功能的需求，只能不斷進化再進化，通訊功能也愈來愈精進。

通訊系統的進步，看通訊流量就知道。日本總務省所公布的〈我國行動通訊流量現狀〉顯示，日本的通訊流量有不斷攀升的趨勢。隨著社會對行動通訊系統革新的聲浪愈來愈高，是時候該「5G」出馬了。

# 2 支援5G的技術革新

## 5G的三大特性

5G將為社會帶來何種變化？——在討論這個問題之前，我們先認識一下5G究竟是「何方神聖」。4G到5G是技術上的進步，因此，要認識5G，得先釐清5G是什麼樣的技術。因本書並非技術專書，以下只挑重點來說明。

前面在介紹行動通訊系統的發展史時，曾提到3G的「國際標準化」。5G也是一樣，為推行國際標準化，各國通訊業者一定要先有願景上的共識——「5G能做到哪些事？」

國際通訊標準化機構——國際電信聯盟（International Telecommunication Union，簡稱ＩＴＵ）的無線電通信部門（Radio-communication Sector，簡稱ＩＴＵ-Ｒ）於二〇一五年九月發布了５Ｇ的願景建議書《ITU-R M・2083》，文中列出了５Ｇ的三大特性——

**①高速大流量通訊**（ｅＭＢＢ:enhanced Mobile Broadband）

**②高可靠度低延遲通訊**（ＵＲＬＬＣ: Ultra Reliable and Low Latency Communications）

**③大規模機器型通訊**（ｍＭＴＣ: massive Machine Type Communication）

由此可見，４Ｇ升級５Ｇ不只能讓通訊速度變快，還能提升信任度、降低延遲，並支援大規模裝置連結。

為因應５Ｇ商用化，３ＧＰＰ（3rd Generation Partnership Project，第三代合作夥伴計畫）也於二〇一八年六月通過５Ｇ第十五版規格（Release 15），初步訂出５Ｇ的標準規格，並預計於二〇一九年底通過更詳細的第十六版（Release 16），制定能滿足上述三大功能需求的標準規範。

## 「高速大流量通訊」的支援技術

接下來，我要為各位解說5G三大特性的支援技術。

首先來看第一大特性——「高速大流量通訊」。該功能是由多種技術結合而成，與4G最大的不同在於，5G擁有更成熟的高頻率控制技術，比傳統通訊系統更能有效運用高頻率電波。

5G電波包括「sub-6GHz」的3・7GHz、4・5GHz，以及「毫米波」的28GHz。而二〇一四年十二月的4G電波頻率只有3・5GHz，可見5G能運用的電波頻率比4G高出很多。

高頻率電波較容易衰減，在「巨量天線（Massive MIMO）」和「波束賦形（Beamforming）」等技術的輔助下，高頻率電波能傳送得更遠，較不會受到基地台間的干擾。前者能將基地台的天線集合起來，後者能將這些天線的高指向訊號送往一定方向。

此外，副載波（Subcarrier）負責運送數據，因5G的高頻率電波能確保頻寬不間斷，進而加大副載波寬，所以能用更大的電波傳送數據。

看到這裡，各位是否感到一頭霧水呢？請你把電波想成公車，電波上的數據都是乘客。5G 拓寬馬路後，馬路可以容納更大台的公車，大公車就能載更多乘客上路。這樣是不是比較容易理解呢？

透過這些重點技術的結合，5G 的通訊速度足足比 4G 快上十倍。十倍是多快呢？4G 下行（基地台向用戶發訊）的最高速率為 1Gbps（位元／秒，bit per second，每秒鐘的通訊量），上行（用戶向基地台發訊）為數百 Mbps；5G 則分別可達到 20Gbps 和 10Gbps。

雖說實際上還是要看端末的設計和通訊業者的網路狀況，但單就數字來看，5G 速率真的比 4G 快上很多。

上行經強化後，應用範圍也變得更加廣泛，詳情請見第二章之後的 5G 活用案例介紹。

圖 2　邊緣運算的機制

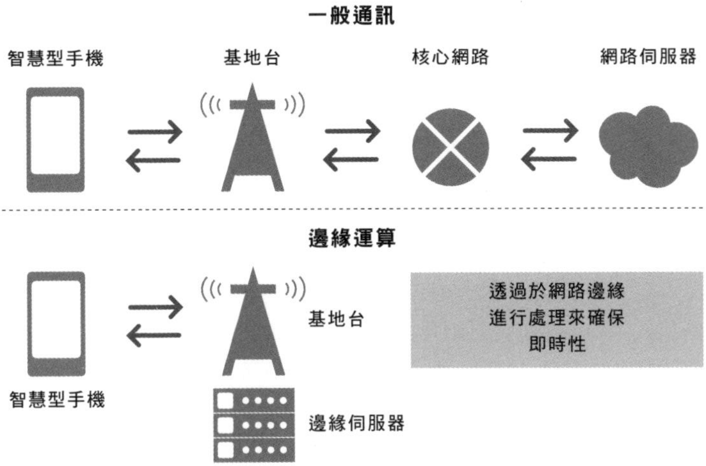


## 「邊緣運算」

5G的第二大功能為「高可靠度低延遲通訊」。5G的延遲速度為1毫秒（ms，千分之一秒），約為4G的十分之一。這也是各種技術結合後所產生的結果。

照理來說，這裡應該要先解說短縮無線通訊間隔的低延遲技術，但為了讓各位更好理解，我決定跳過複雜的技術解說，直接介紹5G所帶來的技術革新——邊緣運算（Edge Computing）。

假設，我們要用智慧型手機

下載網路上的某個項目，一般的通訊過程為「智慧型手機↓基地台↓通訊業者網路（核心網路）↓網際網路↓網路伺服器」，然後再透過反向流程「網路伺服器↓通訊業者網路↓基地台↓智慧型手機」進行下載。

邊緣運算的流程較短，只要「智慧型手機↓基地台↓基地台附近的伺服器↓基地台↓智慧型手機」即可完成。為什麼叫「邊緣運算」呢？因為是在通訊業者的邊緣網路（基地台）進行必要的運算處理，故得其名。

請各位想像以下情景——A打算搭公車到區公所申請資料。

如果A住家附近就有區公所的辦事處，他就不用大老遠跑到區公所，大幅節省了舟車勞頓的時間。但重點是，辦事處並不會憑空出現，政府必須在各地設立辦事處，才能讓市民享受便捷的行政服務。

同樣道理，要推行邊緣運算，就必須在用戶附近設置大量的伺服器。這需要投入龐大的資金與時間，比起全國性用途，得先從區域服務開始推行，較能看到效果。

5G網路的「控制和數據層分離（Control and User Plane Separation, CUPS）」，有助於邊緣運算的推廣。

通訊可分為兩種，第一種是「控制層（Control Plane）」，用於辨別端末連到哪些基地台、端末是否處於可通訊狀態等；第二種則是下載、線上購物等「數據層（User Plane）」。

4G是將「控制層」和「數據層」結合使用，5G則是將兩者分開，讓網路訊號和處理邊緣運算的訊號同時並存，管理起來也更加方便。

## 網路運用不受限

每種通訊所需要的環境條件皆不同。

以汽車自動駕駛為例，無人駕駛必須隨時偵測周遭的車輛、行人、標誌與紅綠燈，並依解析結果做出加速、煞車等反應。因此，無人駕駛的過程中網路不可斷線，也不容許通訊延遲，否則感應到突然衝出來的行人就無法緊急煞車。

相對地，智慧電表、智慧瓦斯表傳送數據就無須講究即時性，只要定期回傳，又或是選在通訊量較少的時段回傳即可。中途如果連線失敗，重傳也不會引發致命性的

**圖 3　網路切片機制**

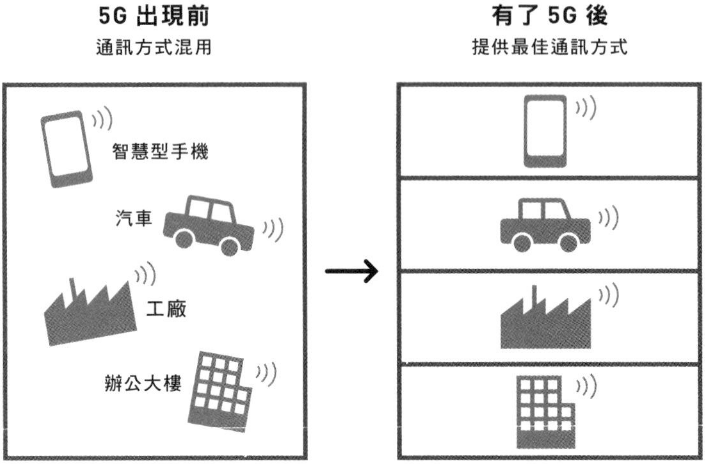


後果，只要注意不要浪費太多成本即可。

5G因具有「控制和數據層分離」的特性，可為不同通訊網提供適當的資源。

這種根據不同通訊種類將網路層「切片」的技術，又稱作「網路切片（Network Slicing）」。在5G的支援下，網路切片將更容易執行。

因「控制和數據層分離」、「網路切片」並非創舉，所以並未成為熱門話題。但我認為，這兩種技術提升了網路設計的靈活度，是推廣5G的必備知識。

## 「大規模機器型通訊」的支援技術

5G的第三大功能是「大規模機器型通訊」，顧名思義，就是一座基地台可收容大量端末的意思。

在4G網路下，一座基地台頂多只能連線一百台左右的端末；5G可擴張成原來的一百倍，一萬台還是能收到訊號。

這裡的端末不僅限於一般消費者的智慧型手機。物聯網（Internet of Things，簡稱IoT）時代因萬物皆須連上網路，所以特別需要這樣的網路環境。

「大規模機器型通訊」的標準化工作，目前正火熱進行當中。這裡我想跟大家特別介紹日本所提案的「無允諾傳輸（Grant Free）」。該法是由國立研究開發法人情報通信研究機構（NICT）提出，主要是透過簡化端末和基地台之間的控制層通訊，來避免連不上線的情形。

**圖 4　「無允諾傳輸」的機制**

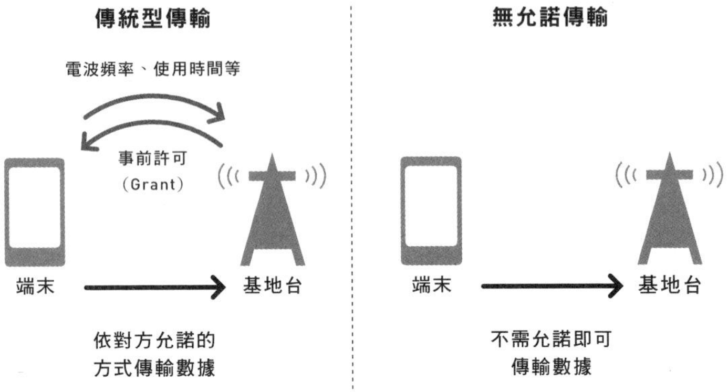


一般來說，端末要和基地台通訊前，必須先交涉電波頻率和使用時間，並由基地台發出許可後才可使用。「無允諾傳輸」則可省略事前許可的步驟，直接傳送數據。而且，這個方式有配套的重傳機制，可降低原本因傳送失敗而導致數據缺損的風險。

這裡我們同用坐公車來比喻——傳統公車為了將乘客確實送達目的地，乘客上車前必須先與司機進行多次且繁複的溝通。在這樣的情況下，若一次湧入大批乘客，司機的體力就會不堪負荷。

因此，為增加載客數，就只能簡化溝通的過程，讓乘客盡快上車。

4G通訊是以「下載」為重心；比方說，看影片時，用戶必須按下「播放鍵」來下載或啟動串流功能。

然而，在即將來臨的物聯網時代，大量的感測器必須隨時上傳大大小小的數據。有了大規模裝置連結的無允諾技術支援，才能真正做到「上傳無礙」。

## 5G＝數位轉型基盤

德國為了在製造業推廣數位技術，提出了「工業4・0（Industry 4.0，又稱第四次工業革命）」計畫。內容包括在工廠內設置機械手臂，根據訂單狀況進行遠距或自動操控，並在機器手臂上裝置感應器，將蒐集到的數據交給人工智慧解析，偵測故障和停電的徵兆以達到即時處理、提升運作率的效果……等。

此外，該計畫也追求商業模式的轉型，由原本販賣機械手臂的「商品銷售型商業模式」，轉為「服務銷售型商業模式」，以顧客的方便為價值，提升生產線的效率和運作率。

「世界行動通訊大會（Mobile World Congress，簡稱MWC）」為通訊業界的全球最大型展示會，工業4・0計畫的核心企業——博世公司（Bosch）於二〇一八年的該大會上介紹了5G的功能，並用大半時間展示「網路切片」為自家公司的製造銷售過程所帶來的創新。事實上，「網路切片」並非新概念或新技術，跟5G互相配合後才一躍成為熱門話題。

「工業4・0」是為了在製造業推廣數位技術的活用，而所謂的「數位轉型（Digital Transformation）」，則是透過舊有產業與通訊、人工智慧、各種感應器的結合，來更新決策模式或商業模式。

企業在策劃數位轉型、建構新型態的商業和營運模式時，必須特別留意「控制信號」與「數據」的處理。5G為處理大量的控制信號和數據，在技術結構上較為完備，又有「數位轉型基盤」之稱。

想進一步了解，數位革新將為各行各業帶來何種可能性嗎？詳情請看第三章。

# 3 5G國際爭霸戰正式開打！

最近5G在全球引爆了各種話題，其中日本媒體最常討論的就是「5G是什麼」、「5G會帶來什麼樣的改變」，我之所以寫這本書，也是為了帶大家認識5G。但很多人不知道的是，5G並非什麼「未來技術」，也不是近期才出現的新術語。世界上早有國家推動5G商用化，也已經有人手拿5G手機。本節要介紹的，就是全球目前的5G競爭情形。

美國和韓國是5G市場的先鋒。早在二〇一八年，美韓兩國就推出5G商用服務，之後中國和某些歐洲國家也紛紛跟進。

急著推行5G的可不只先進國家。卡達通訊業者烏瑞度電信（Oodredoo）宣稱，自己早在二〇一八年五月領先全球推出商用5G服務。其他如中東、東南亞國家聯盟（ASEAN）、中亞等地區，都不乏積極推動初期商用5G的國家。許多國家都預計於二〇一九年開啟5G服務，反觀日本要在二〇二〇年才推出，實在稱不上「早」。

## 全球首家開通商用5G的通訊公司

首先，來看看美國。美國於二〇一八年十一月才舉辦5G頻率拍賣會，美國通訊龍頭威訊（Verizon）卻在十月就推出「威訊家用5G（Verizon 5H Home）」。為什麼威訊能搶先推出5G服務呢？因為早在拍賣會開始前，威訊就買下了擁有5G頻率的公司。

「威訊家用5G」屬於「固定無線接入」技術，只要把端末機放在家中即可上網。

一般來說，想要在家中建構無線區域網路，必須先跟網路公司簽約，請對方將線路接到家中的通訊端末機，再將家中其他機器與端末機連線。「固定無限接入」則無須設置線路，只要在家裡放置一台端末機，即可形成無線區域網路。日本軟銀也曾推出類似的服務「Softbank Air」。

因行動通訊需要設置基地台，剛開始都只能在少數區域使用。「威訊家用5G」一開始只在四個都市提供服務，分別是美國印第安納州的印第安拿波利斯（Indianapolis）、加州的沙加緬度（Sacramento）、洛杉磯，以及德州的休士頓。

「威訊家用5G」最高速率只比1Gbps慢一些，平常也有300Mbps。費用方面，簽約後第一到三個月免費，之後若續約威訊的手機方案月費只需五十元美金，不續約則為七十元美金，還可免費使用YouTube TV（串流媒體電視服務），以及Google Chromecast Ultra和Apple TV 4K兩種多媒體機上盒二選一。

「威訊家用5G」最特別的地方在於，它並未遵守3GPP制定的5G標準規格。威訊寧可「獨樹一格」，用自己的規格設立基地台、開發端末機，也要搶當世界第一個推出商用5G服務的通訊業者。由此可見，威訊這次是「玩真的」。

雖說威訊的5G不符合國際標準，通訊速度也不夠快，但他們竟然能在這麼短的期間內，在地區內建構難以控制的毫米波帶，以一般消費者為對象推出方案。如果沒有高超的技術和行動力，是絕對做不到的。

繼威訊之後，美國第二大電信商AT&T，也於二〇一八年十二月推出行動熱點5G服務。該服務並非手機網路，一開始也只有喬治亞州的亞特蘭大（Atlanta）、美國北卡羅來納州的夏洛特（Charlotte）、德州達拉斯（Dallas）等十二個城市能夠使用。

AT&T在新聞稿中表示，他們推出了全球第一個符合國際標準的5G網路和端末機。前面九十天可享免費租借端末和免通信費的優惠，二〇一九年春天起，則酌收四百九十九元美金的行動熱點機器費用，以及每個月七十元美金的15GB流量通訊費。

雖然威訊先一步搶得「世界最早」的頭銜，但AT&T才是第一個根據國際標準推出5G行動端末機的通信公司。就事業能否持久和用戶方便與否的角度而言，AT&T還是略勝一籌。

## 5G只是配套方案？

之後，威訊於二〇一九年四月三日推出智慧型手機的5G網路服務。看到這裡一定有人覺得奇怪，為什麼要強調是四月「三日」呢？原因請容我之後詳述。

該網路只能在伊利諾州的芝加哥和明尼蘇達州的明尼亞波利斯（Minneapolis）使用，而且只能透過摩托羅拉（Motorola）的 Moto Z3 機型連線。Moto Z3 當時早已上市，並非 5G 手機，所以必須透過「Moto Mods」模組配件來擴展功能。

威訊推出 5G 手機網路的同時，「5G Moto Mod」也跟著上市，只要將 5G Moto Mod 裝在跟 Moto Z3 上即可連結 5G 網路。5G Moto Mod 像是內建天線的手機殼，一般售價為三百四十九點九九元美金，預約優惠價只要一百九十九點九九元。

費率方面，威訊則是採用「配套方案」的方式，「無限數據方案」舊用戶每月只要多付十元美金，即可享有 5G 網路。

「無限數據方案」顧名思義就是「吃到飽」，不會因為流量而產生額外費用，只有在網路塞車又或是使用超過一定流量，才會被「減速處理」。

## 美韓爭霸

看完美國，我們來看看韓國陣營。韓國三大行動電信業者——SK電信（SK Telecom）、KT公司（KT Corporation，舊名「韓國電信」）、LGU+為推行商用5G可說是卯足全力。大家對二〇一八年的平昌冬季奧運上搶先推出的5G，應該還記憶猶新吧？這也是全球首宗5G應用的成功案例。

韓國於二〇一八年六月舉辦電波頻率拍賣會後，各大電信公司紛紛在首爾等主要都市、濟州島等離島部署5G。KT公司的黃昌圭董事長，曾於達沃斯論壇年會❺和世界行動通訊大會上宣布，韓國將成為全球的5G霸主，這也讓他有了「5G先生」的稱號。其他像是SK電信、LGU+等公司也積極拓展5G服務範圍，再再都顯示出韓國想成為5G領頭羊的堅定決心。

韓國三大行動電信業者於二〇一九年四月三日同步開通手機5G服務。唯一支援的機種為三星（Samsung）新推出的Galaxy S10 5G，各公司也推出了5G專用的費率方案。

譯注⑤：世界經濟論壇（**World Economic Forum**，簡稱 **WEF**）每年一月底固定在瑞士達沃斯舉辦的年度盛會。

KT 公司的 Lee Pil-Jae 於 2019 年 4 月發表全球首度的 5G 商用。

照片來源：聯合通訊社／AFLO

美韓兩國在同一天開通手機5G當然並非巧合，而是雙方都想拿下「全球第一個開通手機5G服務的電信公司」稱號，可見競爭有多麼激烈。

KT公司在二〇一九年二月的世界行動通訊大會上，曾宣布韓國預計在三月中開通手機5G服務。他們原本是以三月為目標，後來才延到四月，並將日期訂在四月五日。

而威訊本在二〇一九年三月十三日宣布於四月十一日開通手機5G，照這個日期行程，原本韓國是可以拿下冠軍寶座的。

然而，威訊卻突然將日期提早到四月三日。韓國陣營注意到不對勁，特別提前開通服務，在同一天讓公眾人物成為第一個5G用戶。雖然開通的時間不同，兩邊也有時差的問題，但能夠確定的是，威訊和韓國三大行動電信業者，都在四月三日這天成為「全球第一個開通手機5G服務」的通信公司。

## 威訊的如意算盤

雖然威訊和韓國三大行動電信業者在同一天開通了5G，但就內容來看，兩大陣營的策略卻「差很大」。

威訊是採用「加額配套」的方式，藉此保住「無限數據方案」的老用戶，避免「大流量用戶」和對5G趨之若鶩的「愛嚐鮮用戶」跳槽到別家電信公司。

威訊的對手T-Mobile早一步在美國推出吃到飽方案，其他虛擬行動網路電信公司

（Mobile virtual network operator，簡稱MVNO，借用線路向消費者提供通訊服務的電信業者）也對威訊用戶虎視眈眈。威訊這麼做的意圖其實很明顯，那就是保住自己在美國行動通信市場的龍頭寶座。

前面提到，威訊用戶必須用Moto Z3配合5G Moto Mod才能使用5G。由此可見，威訊的策略是將5G定義為「4G的附加價值」，透過不斷進化的方式，按部就班讓4G用戶轉至5G。

事實上，威訊大可像AT&T一樣，用行動熱點的方式，為手機或平板提供5G環境。但威訊沒有這麼做，因為他們無論如何都要成為「全球第一個開通手機5G服務的電信公司」。

也由於這個原因，威訊才捨棄了「行動網路分享器＋智慧型手機」這個組合選項，選擇在智慧型手機上安裝模組配件，將手機擴展成「5G智慧型手機」。

現在回頭想想，二〇一八年八月，摩托羅拉推出Moto Z3這台手機時，遣詞用字似乎特別小心。他們不是說「這是一台可以跟Moto Mods結合的4G智慧型手機」，而是「全球第一台可以升級5G的智慧型手機」，費盡心思，只希望消費者覺得

Moto Z3是一台「5G智慧型手機」。由此可見，威訊對「全球第一個開通手機5G服務的電信公司」這個頭銜是勢在必得。

今後通訊業者推出5G已無須「搶快」。如今消費者經常帶著各種設備「趴趴走」，除了智慧型手機，還有筆電、平板電腦、智慧型手錶……等，通訊業者應思考如何運用5G的高速大流量特性來支援多設備環境。就這一點而言，前述的「行動網路分享器」應該是不錯的選擇。

因受限於網路規格，現在分享器連結無線網路有時會產生「限速」的問題。下一代的無線區域網路標準「IEEE 802・11ax」最大速率可達到9・6Gbps，消費者在這樣的網路環境下，更能享受5G的樂趣。

近來，手機連網的認證速度也出現很大的進步，無論是手機直接跟基地台連線，又或是透過分享器連線，速度上已不會差太多。如今可說是「技術俱全，只欠東風」，只要電信公司推出5G網路分享器，5G的普及指日可待。

## 韓國的費率方案

接下來，我們來看看韓國三大行動電信業者所推出的手機5G服務。這三家公司都推出了全新的費率與方案，每一家的最低費率都是五萬五千韓元，SK跟KT的流量都是8GB，LGU+則是9GB。

事實上，SK原本是想推出大流量高費率方案，但政府相關單位認為，這樣會限制消費者的選擇，SK才改為這種中流量的最低費率。有了SK的先例，KT和LGU+也紛紛跟進。

除了中流量，SK和LGU+也準備了150GB以上的超大流量方案，KT則和威訊一樣推出了5G吃到飽。

除了新費率，韓國也為了5G推出新手機Galaxy S10 5G。由此可見，韓國電信公司預計將5G包裝成「全新價值」，跟美國威訊的市場策略完全不同。

看到SK和LGU+的三位數GB超大流量方案，你是否嚇了一跳呢？但其實，這跟4G的一位數GB流量方案是同樣的概念。就創新的角度來說，應該要像KT

一樣，推出5G吃到飽這種顛覆傳統概念的費率方案，才具有更深一層的意義。

不過，這些都只是起步時期的過渡方案，不難想像，今後市場競爭會逐漸反映在價格上。在5G的支援下，各家公司應該會接連推出高畫質影片、串流遊戲、虛擬實境等新型娛樂服務。今後5G的表現和普及，著實令人期待。

每家通訊業者的市場定位不同，5G推行策略也相當多元，有像威訊這種將5G定位成4G附加價值的，也有像韓國陣營包裝成全新價值的。無論如何，距日本二〇二〇年開通5G還有一段時間，日本應特別注意美韓通訊業者的動向，設計出最適合日本市場的5G費率方案。

## 歐洲的5G先進案例

那麼，歐洲呢？歐洲雖然沒有跟美韓兩國「搶快」，但大多國家都預計在二〇一九年內，跟進5G試營運或商用化。

這裡，我打算介紹北歐的例子。很多人不知道，北歐其實是全球通訊技術的創新重鎮，知名通訊裝置大廠諾基亞（Nokia）、愛立信（Ericsson）就是芬蘭和瑞典的品牌，全球第一個推出商用4G的電信公司，正是瑞典的特利亞電信（TeliaSonera，現已改名為Telia Company AB）。

繼卡達的烏瑞度電信之後，芬蘭的大型電信公司——艾莉莎（Elisa Oyj）也在二〇一八年六月推出商用5G服務，成為「全球第二家」推出商用5G的公司。

然而，艾莉莎卻宣稱自己是「全球第一家」。為什麼呢？因為烏瑞度電信當初發表5G服務時，並未強調支援5G端末等商用化功能，才給了艾莉莎「見縫插針」的機會。美韓兩國競爭激烈，其他國家的通信業者也不遑多讓，都想在這十年才一次的系統革新戰中，搶得一席之地。

艾莉莎的第一個5G通訊，獻給了芬蘭和愛沙尼亞雙方通訊首長的視訊通話。艾莉莎也預計於二〇一九年六月，開通手機的5G服務。

瑞典的大型電信公司——特利亞電信，於二〇一八年十二月宣布，已將芬蘭的萬塔機場（Helsinki Airport）打造成世界第一座「5G機場」。

該機場不但有5G訊號覆蓋，還使用5G遠距操作或自動操作保全機器人，讓保全機器人在機場內四處走動，將拍攝到的影像傳至管理中心，又或是為旅客提供各種服務。

萬塔機場用難以控制的毫米波建構 5G 環境，在特定建築物內運用 5G，可說是全球一大創舉。

毫米波較脆弱，傳播距離短，雖然較難建立廣域的網路空間，卻很適合在特地的建築物內使用，今後的發展指日可待。

## 中國的 5G 大規模商用化

最後，我們來看看，中國的 5G 發展狀況。中國於二〇一六年三月公布了第十三個五年規劃，其中提到他們預計在二〇二〇年五月推動 5G 商用化。二〇一七年一月九日的中國網日本版中提到，中國將擔任 5G 國際標準化的主導角色，並發布了中國的 5G 綜合願景，強調今後將致力開發 5G 裝置、晶片、端末機和技術測試等基盤技術，運用在汽車、鐵路等交通領域。

中國華為等廠商，在4G時代的表現可圈可點，同樣地，中國在5G的國際標準化、技術開發方面也占有領導地位。德勤公司（Deloitte）曾提出一份名為《5G:The Chance to lead for a decade》的報告，內容提到中國為建立基地台，已投入比美國更巨額的設備投資。

中國推行商用5G的預計時間與日本相同，都是以二〇二〇年為目標。如前所述，美韓開啟了「5G國際戰爭」，如今全球通訊業者的5G競爭已愈發白熱化，中國也在這樣的大環境下急起直追。中國最大行動電信公司「中國移動」在二〇一九年三月所發表的「二〇一八年年報」中稱，他們已於十七座都市推動5G的試營運，預計於二〇一九年推行5G商用化。

中國地廣人稠，就算二〇一九年能推出的服務內容有限，其規模在全世界仍是數一數二。

建構新的通訊環境後，隨之而來的就是新服務、新功能。如今世界各國之所以致力發展5G，有一部分原因也是為了振興產業。

# 4 日本有何優勢？

## 在5G應用領先全球

為迎接二〇二〇年東京奧運，日本正積極推動商用5G。

日本自二〇一五年開始研究5G及其標準化工作，二〇一七年開放通信業者提案，總務省則從旁協助，由企業、政府、學術界三方合作來探索開發5G的新用途。目前已於二〇一九年四月完成5G頻率分配，一切都按照預定進行。

然而，誠如各位所見，有些國家已於二〇一八年成功推出商用5G，許多國家也預計於二〇一九年跟進。

在這種「搶快」的環境下，日本三大行動通訊業者——NTT DOCOMO、KDDI、軟銀個個蠢蠢欲動，不惜提前於二〇一九年推出商用5G。雖然該活動只限於某些區域，且是以出借端末的方式進行，但還是給了一般民眾提早接觸5G的機會。

日本要等到二〇二〇年才會正式推出商用5G，雖然就時間而言稱不上「早」，但就功能而言，日本可是不落人後。

推行5G不單只是為了提升通訊網路速度，重點在於如何運用5G的特性打造新生活，以及推動企業和社會的數位轉型。日本很早就注意到這件事，所以傾盡全力開發5G用途。在5G應用方面，日本在全球可說是獨領風騷。

為什麼開發5G用途這麼重要呢？這就要從4G和5G在革新上的不同講起了。前面已介紹過，每一代通訊系統在技術上的差異，接下來我們要改從另一個角度——消費者的「通訊需求」，來比較通訊系統的不同。

## 一般民眾其實不需要５G？

１G揭開了「行動電話史」的序幕，讓民眾出門在外也能透過手機互相聯絡。嚐到「方便」的滋味後，民眾對「通話品質」的要求愈來愈高。所以業者推出了數位化方式的２G，為民眾提供更清楚的通話品質。

之後數位通訊服務不斷進步，陸續出現 i-mode 與 EZweb 等平台，消費者需要更快速、更順暢的網路才能享受平台上的功能服務，因而有了３G的出現。

有了３G後，民眾對智慧型手機上的「多媒體需求」愈來愈高，業者才推出４G來支援用戶使用多媒體。觀察行動通訊系統史，你會發現，系統的推陳出新，不斷養大民眾的胃口，業者必須不斷推出新系統，才能滿足民眾的新需求。

看完過去，我們來看看現在。各位在使用４G時，有感到特別不方便的地方嗎？應該很少吧。當然，任誰都有抱怨「網路跑不動」的經驗，但就本質而言，現在的通訊系統已是「供過於求」——電信公司所提供的通訊環境，已超出民眾的通訊需求。

如前所述，隨著愈來愈多人使用智慧型手機、平板電腦和各種通訊設備，每年的總通訊量不斷攀升，這才出現升級5G的需求。但其實，就個體消費者而言，目前的4G就已經很夠用了，並不用特別升級5G。也因為這個原因，消費者其實「不是特別需要」5G，這也推翻了傳統「為滿足民眾需求而推出新系統」的遊戲規則。

問題來了，如果消費者對5G並無特別需求，會發生什麼事呢？在這樣的情況下，5G可能會很難普及，這也是通訊業者積極開發5G用途的原因。

5G能為消費者的生活帶來什麼樣的改變？又要如何幫助企業和社會完成數位轉型？在推行5G前，必須設法找出5G顯在和潛在的需求，積極設計應用方式和開發用途，讓5G「得其所用」。

## 「損人利己」的商業模式早過時了！

前面提到，日本為了打造5G市場，目前正以三方合作的方式探索5G新用途。那麼，他們實際上做了哪些努力呢？日本總務省於二〇一七年度推出「5G綜合實證測試計畫」，與日本國內電信公司、研究機關、地方公共團體等各方相關機構合作，推動了六個5G應用企劃案。該計畫一直延續至二〇一八年度，並成功推出新一代的六個子企劃案。

因5G用途關係著通訊業者的死活，參與企劃的電信公司無一不是卯足全力。然而，通訊業者非常清楚，若要將5G應用在所有產業，單靠自己的力量是不夠的，所以他們決定與企業合作，加快開發速度。

NTT DOCOMO於二〇一八年一月開始執行「DOCOMO 5G開放式夥伴企劃」（DOCOMO 5G Open Partner Program），為合作企業提供5G技術和檢證系統、開辦研究會，藉由這樣的方式來刺激進步。

企劃剛推出後，立刻吸引了四百五十三間企業團體報名參加，到二〇一九年三月為止，更飆升到超過兩千三百間。從這個數字可看出各行各業對5G展露出高度興趣，以及NTT DOCOMO勢在必得的毅力與決心。也難怪NTT DOCOMO要全心投入了，因為對他們而言，這些企業團體是一同實現數位轉型的共同開發夥伴，也是他們5G時代的潛在客戶。

繼NTT DOCOMO之後，軟銀於二〇一八年二月推出「5G × IoT Studio」，

KDDI也成立「KDDI DIGITAL GATE」作為5G和互聯網的商業開發據點。這些通訊業者的目的都差不多，5G時代的致勝關鍵有二：一是你能開發出何種用途；二是你能拿到多少企業、地方公共團體等潛在顧客。

到4G時代為止，通訊業者爭奪的是一般用戶的電信合約。進入5G時代後，除了要獲取一般消費者的芳心，勢必還會掀起一場「企業團體爭奪大戰」。

這裡的「企業團體爭奪大戰」跟傳統的價格戰不太一樣。所謂的傳統價格戰是指，假設某家企業已與A電信簽約，B就會以更便宜的價格、更優惠的方案，又或是更充分的服務來吸引該企業「跳槽」。

然而，這種「損人利己」的方式在5G時代已不適用，通訊業者必須設法配合企業，滿足他們的目標，又或是協助開發用途。

以豐田汽車（TOYOTA）為例，豐田目前正與KDDI合作開發「全球通訊平台」，將車用通訊模組連上雲端，藉此打造「互聯汽車」。但他們同時也與NTT集團合作，研究開發機器人遠控、數據分析、邊緣預算等領域。

不僅如此，豐田還與軟銀合資開了「Monet科技公司」，共同開發「行動隨需服務（On-demand Mobility Service，讓巴士能配合乘客需求調整路線）」以及「公共運輸行動服務（Mobility as a Service，簡稱 MaaS，一種以「提供車輛價值」取代「銷售車輛」的商業模式）」。

由此可見，豐田是因應需求來尋找合作對象。至於公共運輸行動服務的詳細內容，我們將於第三章詳述。

跟過往比起來，5G 的合作方式不再硬邦邦。除了企業，日本通訊業者也積極與地方公共團體合作，共同開發用途又或是進行實際測試。這些地方公共團體跨及各種領域，雙方是以「互惠」的方式合作，而非單方面地索取。這樣的關係與其說是「合作夥伴」，更像是「商業生態系統」。

目前全球通訊業者為因應即將來臨的 5G 時代，都積極與各家企業爭取合作。但日本的通訊業者並非只是爭奪合作夥伴，而是以 5G 為基礎，建立出商業生態系統的競爭模式。

目前通訊業者最重要的工作就是探索 5G 應用的可能性。為達到這個目的，日本通訊業者紛紛建構出商業生態系統，就這一點而言，日本已大幅領先全球各國。

## 四大電信公司的戰略介紹

二〇一九年四月，日本總務省公布了「5G特定基地台開設計畫」的評鑑成績，也就是各家電信公司的5G頻率配額審查結果。申請的電信公司有四家，分別是NTT DOCOMO、KDDI、軟銀，以及樂天Mobile。「sub-6GHz（3.7GHz、4.5GHz）」方面，NTT DOCOMO和KDDI各取得兩個，軟銀和樂天Mobile各拿到一個；「毫米波（28GHz）」方面，四家公司各分配到一個。

該計畫的申請內容大致上可分成兩個項目——「基礎建設率」和「設備投資額」，像是何時開通5G服務、各公司要在哪些地區設置多少基地台、每十公里×十公里的方格內能設置多少基地台……等，而每個公司都有自己獨到的發展計畫。

NTT DOCOMO訂在二〇二〇年春天推出5G服務，預計建造八千零一座「sub-6GHz」以及五千零一座「毫米波」室外基地台，基礎建設率為九七％，設備投資額約為七千九百五十億日圓。從這些數字可看出，NTT DOCOMO有意成為日本5G的龍頭，不僅投資額遠遠領先其他三家公司，幾乎全日本都收得到他們的5G

訊號。雖然NTT DOCOMO的室外基地台數量比KDDI和樂天Mobile少，但他們也設置了許多室內基地台。

KDDI則訂在二〇二〇年三月開通5G，預計建造三萬零一百零七座「sub-6GHz」以及一萬兩千七百五十六座「毫米波」室外基地台，基礎建設率為九三．二%，設備投資額約為四千六百六十七億日圓。KDDI的基地台數量是四家公司中最多的，他們在每個方格中布下「天羅地網」，似乎打算以「通訊品質」當招牌。

軟銀也是於二〇二〇年三月開通5G，預計建造七千三百五十五座「sub-6GHz」以及三千八百五十五座「毫米波」室外基地台，基礎建設率為六四%，設備投資額約為兩千零六十億日圓。跟NTT DOCOMO、KDDI比起來，軟銀算投資得相當節制。可以想見，軟銀打算延續4G時期的策略，以消費者取向的用途為優先，逐步擴大人口範圍，以追求最佳的投資報酬率。

最後，樂天Mobile預計二〇二〇年六月開通5G服務。室外基地台方面，「sub-6GHz」為一萬五千七百八十七座，「毫米波」為七千九百四十八座，基礎建設率為五六．一%，設備投資額也只有一千九百四十六億日圓。因樂天Mobile之後才要打入4G市場，5G投資還不能太「闊氣」。

不過，樂天Mobile的基地台數量僅次於KDDI，其中有大半都位於關東地區，近畿、東海地區為次。由此可見，他們集中投資於人口密度較高的大都市圈，跟軟銀一樣走的是「消費者取向路線」。

傳統的基礎建設率是以人口覆蓋率來定義，5G則是以區域覆蓋率來計算。在這樣的背景下，即便是人口密度較低的工業區等，也可收到快速的5G訊號。

簡單來說，NTT DOCOMO、KDDI積極進攻5G的產業市場，軟銀和樂天Mobile則將重點放在5G的一般用戶普及。

## 5G一開通就能提供完整功能嗎？

在本章的最後，我要跟大家聊一下5G開通後的狀況。

在全國各地建立基地台必須投入大量的時間與精力，即便日本預計在二〇二〇年開通商用5G，初期也無法立刻使用5G的所有功能。也因為這個原因，二〇二〇年必須先採用「非獨立組網（Non-Standalone，簡稱NSA）」的方式，也就是依然使用4G裝置，只是將部分功能升級為5G規格。

「非獨立組網」使用的是4G網路，由4G、5G基地台互相配合，為用戶提供部分5G功能。

還記得前面介紹的「控制和數據層分離」嗎？「非獨立組網」的控制層通訊是使用4G網路取得訊號，讓端末機與基地台連線；數據層通訊則運用5G網路進行高速大流量傳輸。

之後用不著幾年，所有通訊都可從「非獨立組網」轉為「獨立組網（Standalone，簡稱SA）」，消費者也能全方位享受5G的高速大流量、高可靠度、低延遲、大規模裝置連結等網路環境。

# CHAPTER 02

# 5G時代的生活變化

5Gが変える生活

# 1 智慧型手機的革新

前面為各位介紹了「5G」的基本知識，以及全球各地的5G發展狀況。看完「現在」，我們來看「未來」，也就是5G將如何改變消費者的生活方式。

LTE剛推出時，大家一開始最「有感」的，應該就是手機螢幕的右上角字樣從「3G」變成「LTE」吧。目前各家電信公司都是顯示「4G」，彷彿時時刻刻都在提醒我們正在使用4G網路。

那麼，我們就先從最有感的「智慧型手機」來看5G時代的改變吧！

## 今後將是「摺疊式智慧型手機」的時代？

日前，中國、韓國等國的智慧型端末機廠商，都在二〇一九年的全球移動通信大會上發表了5G智慧型手機，除了前一章提到的三星 Galaxy S10 5G，最受注目的莫過於華為 Mate X 和三星 Galaxy Fold 這兩支「摺疊式智慧型手機」了。

事實上，智慧型手機市場很早就出現「摺疊」的概念，傳統的摺疊式智慧型手機最大特色為「雙螢幕」，像是京瓷（Kyocera）在二〇一一年推出的「Echo」、二〇一三年恩益禧（NEC）的「MEDIAS W」、二〇一八年三月NTT DOCOMO的「M（國際版為「ZTE AXON M」）」都屬於這種機種。

**摺疊式智慧型手機**
**三星 Galaxy Fold**
圖片來源：Samsung Electronics／UPI／AFLO

新舊摺疊式智慧型手機的最大不同在於，新型「摺疊式智慧型手機」為單個開展式螢幕，可將螢幕摺疊成兩半。Mate X 是將螢幕外摺，Galaxy Fold則是內摺，雖然設計構想有所差異，但整體都充滿了未來感，令人眼睛為之一亮。

隨著螢幕的製作技術不斷進步，現在已開發出柔軟到可彎曲的螢幕。傳統雙螢幕和新型單螢幕不只在技術上有所差異，原本預想的使用方式也相當不同。

雙螢幕的兩個螢幕會顯示兩個視窗，一邊可能是App畫面，另一邊可能是鍵盤，藉由這樣的方式呈現出新的使用者介面（User Interface，簡稱UI）。

新型摺疊式智慧型手機只有單螢幕，簡單來說，就是一個「超大型螢幕」的智慧型手機，用大螢幕顯示單個視窗。

傳統型雙螢幕也可將兩個螢幕當作一個使用，但因為有螢幕邊框，無法充分享受用大螢幕看電影或照片的樂趣。

相對地，新型因為擁有「超大型螢幕」，非常適合用來觀賞大螢幕、高解析度的影片。消費者在觀看影片時，最能感受到5G「高速率大流量」的特性，現在的智慧型手機不斷追求「大畫面」和「高畫質」，一旦用過「大又清晰」的手機後，就再也「回不去」了。新型摺疊式智慧型手機是暢遊5G網路的最佳利器，也是集高科技技術於一身的成品。

此外，以前廠商出雙螢幕的智慧型手機，部分原因是為了吸引愛嚐鮮的「科技迷」。那麼，新型摺疊式智慧型手機螢幕可彎曲，是不是也是為了滿足科技迷的嚐鮮心理呢？其實並非如此，該手機是「大螢幕」、「高畫質」的正統進化成果，這樣的螢幕設計是為了讓消費者直接體驗5G網路的樂趣。

如果初期沒有出什麼大問題、價格又合理，相信這種摺疊式智慧型手機很快就能普及。

## 「低價端末機」粉墨登場

前面提到了摺疊式智慧型手機的價格問題。事實上，5G手機能否普及，跟價格有很大的關係，所以有廠商在世界行動通訊大會上推出「低價5G手機」。

中國智慧型裝置廠商——小米（Xiaomi）發表的Mi MIX3 5G就是其中之一。Mi MIX3 5G雖然不像Galaxy Fold一樣是摺疊式螢幕，但擁有相當大的無框螢幕，搭配的還是高通公司（Qualcomm）的最新晶片組，價格還不到八萬日圓（約五百九十九歐元）。

這個價錢比現在市面上的某些主流4G手機還便宜。能用比4G手機便宜的價格買到5G手機，對消費者來說，無疑是一大吸引力。

目前日本社會正在討論「通訊費是否要跟購機費分開」這個議題。現在消費者跟電信公司買手機，只要綁定指定專案即可享受購機優惠。簡單來說，電信公司是用通訊費來填補購機優惠。

然而，不論你是經常更換手機，又或是長期使用同一機種，電信公司對每個用戶都是徵收相同的通訊費用，用通訊費作為手機優惠的資本其實是不公平的。因此，有人主張應該要「通訊歸通訊，手機歸手機」，將兩個費用分開。日本內閣會議已於二〇一九年三月通過修改《電器通信事業法》，今後將推行義務化。

通訊費和購機費分開後，電信公司就無須保留手機優惠的資本，通訊費就可以調降，購機也較難有優惠價了。

也就是說，日本即將於二〇二〇年開始銷售 5G 手機，卻可能面臨購機沒有優惠價的狀況。在這樣的情況下，「低價智慧型手機」就顯得特別重要，甚至可能影響 5G 在日本的普及程度。

雖說小米手機目前尚未在日本上市，今後低價 5G 手機是否能打入日本市場？著實令人期待。

# 2 5G的娛樂新體驗

前面提到，今後智慧型手機有追求「大螢幕」和「高畫質」的趨勢。說到「大螢幕娛樂」你會想到什麼呢？相信很多人都是想到「影音」吧。事實上，目前各家通信業者為了迎接5G時代，已著手擴充影音服務。

## KDDI：綁售方案

首先，我們來看看KDDI。KDDI於二〇一八年八月，推出了「au穩看方案25 Netflix雙優惠（auフラットプラン25 ネットフリックスパック）」。「au穩看方案20（auフラ

ットプラン20）」的用戶只要每個月多付一千日圓，即可多享受5GB的流量，還可訂閱Nexflix及觀看「au Video Pass」中的影片。當時，Nexflix和au Video Pass的月費各為六百五十日圓及五百六十二日圓，也就是說，只要加入這個方案，不但可用更優惠的價格享受這兩個服務，還多出5GB的流量可自由使用。

不過，為因應日前Nexflix月費漲為八百日圓，「穩看方案」20與25的加價費用也漲至一千一百五十日圓。

順帶一提，目前通訊界有個概念叫「網際網路中立性（Internet Neutrality）」，簡單來說，就是網路是中立的，應平等對待網路上的資料內容。問題來了，「au穩看方案25 Netflix雙優惠」有無違反網路中立原則呢？答案是沒有。因au並未規定多出來的5GB一定要用在Netflix，所以沒有「特別優待某廠商」，巧妙迴避了網際網路中立性的問題。

話說回來，以往日本的三大行動通訊業者（NTT DOCOMO、KDDI、軟銀），都是以「通訊」作為競爭賣點。KDDI將影音服務與通訊方案結合綁售，在日本國內可說是一大創舉，加速了電信公司「以服務功能決勝負」的趨勢。

## 軟銀：不減量方案

KDDI推出「au穩看方案25 Netflix雙優惠」後，隔了一個月，軟銀也在二〇一八年九月推出新費用方案——「超流量怪獸級超值方案（ウルトラギガモンスタープラス）」。該方案最高流量為50GB，但YouTube、AbemaTV等影音傳輸，以及LINE、Facebook等社群網站不會占用50GB的流量。

這種特定功能不占用流量的方式稱作「不減量方案」，不減量方案在國外已行之有年，美國T-Mobile推出的「Binge On」就是其中之一。

日本之前就有虛擬行動網路電信公司（MVNO，借用線路向消費者提供通訊服務的電信業者）推出不減量方案，但在網際網路中立原則的規範下，竟有一般電信公司推出這樣的方案，可說為通信業界投下了一顆震撼彈。

軟銀最近還推出了「吃到飽促銷活動」，用戶於在二〇一九年九月前使用任何通訊服務都不減量，平等處理所有的通訊內容，以避免抵觸網際網路中立原則。

## NTT DOCOMO：善用品牌光芒

NTT旗下有「dTV」和「d Animate」兩個影音網站，前者是日本國內會員人數最多的綜合電視網，後者則專攻動漫市場。此外，NTT還和全球最大體育賽事直播商——DAZN合作，推出「DAZN for docomo」。相信5G的大流量和高速率，應該能為體育賽事直播開創新時代。

二〇一八七月，d Animate看中亞馬遜（Amazon）網站的廣大客層，與「亞馬遜Prime影音（Amazon Prime Video）」合作，於站內開設「d Anime-store for Prime Video」頻道，藉此開拓專業動漫迷以外的觀眾群。隨後又與迪士尼（Disney）簽約，於二〇一九年三月推出可觀賞迪士尼影片的「Disney Deluxe」。

軟銀的「超流量怪獸級超值方案」是以YouTube和Abema TV等免費影音網站為賣點，這樣的方式頂多只能鼓勵用戶盡可能地使用網路。相較之下，KDDI和NTT DOCOMO本身就具有品牌光芒，又擁有許多「忠實用戶」，這讓他們與Google、亞馬遜等OTT（Over The Top）業者一樣，將服務建立在基礎電信服務上。

「影音」是最能夠向消費者展現5G優點的項目，今後我們在觀看大流量的高畫質影片時，將不再受到通訊上的限制。不難想見，進入5G時代後，影音服務將成為各大電信公司的主戰場，今後應該會推出更多元更豐富的影音配套方案。

## 5G視聽新體驗：「多角度畫面傳輸」

5G時代的影音功能會往什麼樣的方向發展呢？除了前面說的「大螢幕」、「高畫質」之外，「多角度」也相當值得注目。「多角度畫面傳輸」是指，在現場活動或體育賽事的各處裝設鏡頭，將各鏡頭的畫面即時傳送到端末機上，讓觀眾享受從多角度觀賞的樂趣。

5G具有高速率、大流量等通訊特性，能夠同時傳送多支影片；配合網路切片等技術，還能順暢切換各個視角。

以前是無法到場（觀看體育賽事、演唱會）的人才會看「現場直播」，5G時代的「多角度畫面傳輸」創造了全新的價值——讓現場觀眾超越有限的空間，從觀眾席獲得超越可能的體驗。

ＫＤＤＩ已於二〇一八年六月完成實測，在沖繩蜂窩體育場的職業棒球賽中，成功用５Ｇ將多角度畫面傳送給觀眾。

他們先在體育場內建立５Ｇ網路環境，然後，用十六顆鏡頭從三百六十度同時拍攝打擊區，再將影像及時傳到事先幫觀眾準備好的平板電腦中。這麼一來，觀眾就可以一邊欣賞眼前的比賽，一邊用平板從各種角度觀看打擊手的影像，若錯過精彩之處，還能立刻用平板重播。或許在不久的未來，每個現場觀眾的手上都會拿著一台平板電腦。

ＮＴＴ ＤＯＣＯＭＯ已於二〇一九年一月推出類似的商用服務——「新體感Live」，提供視角任選，讓觀眾在智慧型手機或平板上，從多角度觀看藝人的現場活動。開通５Ｇ後，觀眾就能自由切換視角，又或是透過端末機與藝人雙向互動，讓活動現場更加熱絡。

## 「天作之合」：5G與XR

「XR」比智慧型手機、平板更需要高速大流量的網路環境。所謂的「XR」，是指「VR（Virtual Reality，虛擬實境）」和「AR（Augmented Reality，擴張實境）」這類技術的總稱。

XR除了需要大流量傳輸，還必須配合用戶即時變換視角，非常需要「高可靠度」和「低延遲」的網路。就這一點而言，XR和5G可說是「天作之合」。

目前各大公司正積極進行VR的5G實測。VR比一般螢幕更有「投入感」，今後主要應該是運用在演唱會、現場活動、線上遊戲等領域。

二〇一九年三月，軟銀在福岡巨蛋的棒球賽中使用VR技術進行多角度轉播實測。用戶不用特地大老遠跑到現場，即可享受觀賽的樂趣，又或是跟分隔兩地的親朋好友一起看比賽。

這種「娛樂新體驗」除了必須即時傳輸現場畫面，還得支援用戶之間的雙向影音通話。因5G無論是「下載」還是「上傳」都是實力堅強，在5G網路的支援下，這樣的雙向互動功能將變得更加發達。

目前VR在日本國內日漸普及，相信今後現場活動、運動賽事、網路遊戲等領域對VR的需求也會逐漸升高。而要引進VR，勢必要考慮頭戴式顯示器（Head Mounted Display，簡稱HMD，VR頭套）的購買成本。目前VR是由顯示器進行資料處理，和5G結合後，就能傳給伺服器「代勞」。可以想見，未來的VR頭套體型將變得更小，功能也更加簡化，要使用VR絕非難事。

## 線上遊戲也是Google的強項？

線上遊戲除了講究大螢幕高畫質，還必須立刻反映出玩家的指令，所以相當忌諱網路延遲。請各位想像一下，假設你是線上遊戲玩家，正在操縱遊戲裡的角色，按了把手右鍵，角色卻遲遲不往右走，這樣還玩什麼遊戲呢？

這裡我想舉「雲端遊戲（Cloud Gaming）」作為例子。「雲端遊戲」顧名思義，就是用端末機連上雲端，在雲端上進行的遊戲。這種遊戲因資料傳輸量大，視網路延遲為大忌。

雲端接收到玩家在端末機按下的指令後，必須立刻處理並即時反應在網路影像上。玩家無須下載安裝程式，只要連上雲端即可進行遊戲，但必須全程保持連線。

要比喻的話，就像我們用智慧型手機看 YouTube 影片。只要按下 YouTube 的播放鍵，雲端就會處理播放程序，播放用戶想觀賞的影片。期間無須對手機進行任何設定，也無須下載片源，無關性能高低，只要端末機在手，並全程保持連線，就可以欣賞影片。

雲端遊戲的機制跟 YouTube 類似，只是遊戲的指令比影音複雜，看 YouTube 只要一指按下播放鍵，遊戲則必須反映出玩家的各種指令，對通訊環境的要求自然較為嚴格。

二〇一九年三月，Google 宣布雲端遊戲「STADIA」即將上線。前面用 YouTube 來比喻雲端遊戲，事實上，STADIA 就像是線上遊戲界的 YouTube。目前 YouTube 有個相當火紅的功能叫「遊戲直播」，STADIA 能做到讓直播觀眾同時參與遊戲。

為避免網路延遲，能就近處理玩家資料的邊緣運算技術就顯得格外重要。能建立全球規模邊緣運算環境的企業屈指可數，而 Google 就是其中一家，他們旗下共有

美國 Google 進攻遊戲市場，宣布「STADIA」上線（2019 年 3 月）
照片來源：路透社／AFLO

七千五百間數位中心，遍布兩百個國家。在這樣的資源下，STADIA擁有強大的競爭力，這讓Google在雲端遊戲界占有一席之地。

# 3「車聯網」的革新

## 重中之重

汽車等「移動設備」可說是5G技術革新中的重中之重。從「移動」二字來看，就知道這種設備無法使用網路線等固定通信的方式連線，也不能使用有區域限制問題的無線區域網路，所以一定要搭配行動通訊系統。

其中，最令人期待的就是自動駕駛功能。要做到自動駕駛，必須在車身上裝設各種感應器，由系統分析處理收集到的大量資訊，並即時作出反應來操控行車。也因為這個原因，自動駕駛非常需要5G的三大特性——「①高速大流量通訊」、「②高可靠度低延遲通訊」，以及「③大規模機器型通訊」。

自動駕駛依自動化程度可分為五個等級。我們離等級五的「完全自動駕駛」還有很長一段距離，一說認為要到二〇三〇年代「完全自動駕駛」才會開始普及。目前自動駕駛技術不斷進步，但除了技術成果，目前還有許多問題有待解決，像是如何確保駕駛的安全，以及車輛在道路上行駛的責任歸屬……等。

不僅如此，要將5G環境覆蓋所有車道需投入大量的金錢與時間，且自動駕駛必須使用5G獨立組網（Standalone，SA），若使用非獨立組網（Non-Standalone，NSA）會影響效果，要整頓通訊環境並非短時間內可以完成。

看到這裡，一定有人心想：「那要等到何時，才能看到5G跟移動設備結合的新科技啊？」先別急著灰心，一旦開通5G，隨時跟網路連線的汽車——「聯網汽車」應該就能進一步普及。

## 「預防型車險」

事實上，現在已有保險公司結合車聯網，推出依據駕駛狀況調整保費的車險保單——「UBI（Usage Based Insurance）車險」。UBI車險目前已相當普及，日本各大保險公司都規劃有「依行車距離調降保費」的保單。

目前UBI車險大多是蒐集車子的使用頻率，經分析後計算該調降駕駛人多少保費。

5G開通後，就能蒐集到更多的駕駛資訊，除了引擎的開關狀態、行車距離等基礎數據，還能取得油門和煞車的使用狀況、駕駛人在車裡的對話、行車記錄器拍攝到的影像等各式各樣的資料。

這些數據能幫助保險公司分析保戶的駕車技術、專注程度、危險程度的頻率，更精準地評鑑出駕駛的駕車風險。

在此，還是要提醒大家，目前車險的價格已十分低廉，所以保費再怎麼調降也是有限度的。考慮到保險的本意，今後的保險將改以「強化意外補償來提升附加價值」。

目前，已有多家保險公司結合車聯網推出了強化補償保單，像是三井住有海上火災保險的「GK守護車險」、東京海上日動火災保險的「駕駛代理人車險」、損害保險

Japan日本興亞的「DRIVING！車險」等保單，簽約後都會提供駕駛行車記錄器，透過記錄器蒐集到的數據，在駕駛發生意外時自動報警，又或是趕到現場，為保戶提供更多的協助。

不僅如此，損害保險Japan日本興亞，還開發出一套人工智慧系統，能透過事故發生時，行車記錄器所拍攝到的影像，計算出責任比例。以前從事故發生到領到理賠金，通常要花上兩個月的時間，現在只要一週即可處理完畢，大幅縮短了等待時間，不但給了保戶更多方便，也給予更多支援。

今後，車險預計會往「預防事故發生」的方向發展。雖說這是一種反論，但保險的終極狀態，其實就是「不用到保險」。現在各家保險公司是透過行車記錄器等車用裝置，又或是智慧型手機取得各種數據，經分析後再以駕駛評鑑報告的形式回饋給保戶。

5G因具有「高可靠度低延遲」的特性，進入5G時代後，一旦車子上的感應器偵測到危險，就會立刻發出警告音提醒駕駛，即時對保戶做出回饋。由此可見，5G時代保車險已不是為了「在事故發生時有備無患」，而是「有備無患不讓事故發生」。

## 汽車的新面貌

車聯網不只生成了新服務，也為車子本身帶來了新風貌。這裡我要舉一個比較簡單易懂的例子——先進駕駛輔助系統（Advanced Driver Assistance Systems，簡稱ADAS）的革新。

豐田汽車於二〇一八年十月，在旗下品牌凌志（Lexus）推出ES車系，並在最高級別搭配了「數位後視鏡（Digital Outer Mirrors）」，以攝影鏡頭取代傳統後照鏡，駕駛只要透過車內螢幕即可確認後方車況。

事實上，其他車廠如賓士（Mercedes-Benz）也曾推出過名為「Mirror Cam」的數位後視鏡，但凌志是第一個將數位後視鏡用在量產車上的品牌。數位後視鏡不會受到天氣影響，即便車窗淋濕或起霧，也不會阻礙視線。不僅如此，駕駛還可放大螢幕畫面，進一步確認周遭路況，行車更加安全。

數位後視鏡結合5G網路後，除了上述功能，還能在螢幕上顯示後方來車的車速和車距，為駕駛提供更豐富的路況資訊。

法國汽車零件廠商——「法雷奧（Valeo）」，針對車聯網開發了許多創新技術。他們在二〇一八年十月於日本千葉縣幕張展覽館舉辦的「CEATEC JAPAN」會上，展出了一種名為「XtraVue」的新系統。

XtraVue可將前方行車「變透明」，讓駕駛看到更前面的道路狀況。這是怎麼做到的呢？原來是將前車拍到的前方影像，天衣無縫地「覆蓋」在後車拍到的影像上，然後顯示在後車的螢幕上。

這個新技術有個條件，那就是前車也必須裝有XtraVue系統，且兩台車一定要連線。這一點倒是不用太擔心，因為進入「車聯網時代」後，汽車彼此就能「互相合作」了。

若能透視前方的路況，超車就不怕被對向來車撞到，若有路人突然衝出來，也能即時踩煞車，讓駕駛過程更安心、更安全。塞車時，也可調閱最前方車輛的影像，查看究竟發生了什麼事。

前面提到，自動駕駛需要在所有道路鋪設完善的網路環境，且必須開發出成熟的駕駛系統才能推行。相對地，這類安全駕駛支援技術都是「由人類開車」，即便突然收不到訊號又或是訊號不佳，也不用擔心車子卡在路邊動彈不得，在5G開通的初期就能夠多方運用。

等先進駕駛輔助系統日益成熟，自動煞車和自動油門發展出一定的精確度，能夠掌握周遭路況、偵測到路上的障礙物，我們就能正式進入「自動駕駛時代」了。

## 比特斯拉更威的「拜騰」

拜騰（BYTON）是中國新興的電動車製造商，他們的理念不是「將網路連上汽車」，而是「製造連有網路的汽車」。

經常有人拿拜騰跟美國電動車製造商特斯拉（Tesla）做比較。事實上，數位後視鏡在拜騰是標準配備，整個儀表板都是螢幕，還配有5G天線。就這幾點而言，拜騰比特斯拉更「威」。

拜騰在二〇一九年的消費電子展（Consumer Electronics Show，簡稱CES）上發表了「BYTON Life」車用系統平台，除了可提供導航、音樂等娛樂功能，用戶還可透過亞馬遜的 Alexa 進行語音輸入，又或是空中更新車用系統版本，且駕駛與乘客都能將手機連上系統。

拜騰不僅賣車，也提供消費者各種功能與服務，把車子當智慧型手機來開發設計，可說是走在 5G 時代尖端的車商。

# 4 醫療、看護現場的改變

5G與醫療、看護的結合，也是媒體熱愛討論的主題。

5G將使無線區域間的通訊更可靠，有了5G後，即便是不允許中止的任務也可以遠距進行，不用擔心中途斷線等問題。以往心有餘而力不足的資訊通信科技（Information and Communications Technology，簡稱ICT）業務，今後都可試著跟5G配合。

## 免去舟車勞頓之苦：「遠距診療」

因「遠距醫療」太過廣泛，這裡我們先將範圍鎖定在「遠距診療」。在遠距診療的過程中，醫生是透過高品質兼高畫質的視訊電話對病患問診，醫生可從螢幕觀察病患的表情、臉色以及症狀部位，並用電腦檢視病患的電子健康檔案、X光照片等資料。遠距診療服務可解決偏遠地區醫師不足的問題，也能幫助因不會開車等原因導致難以自行就醫的病患，讓民眾無須大老遠跑到醫院，即可在家「看醫生」。

二〇一九年一月，和歌山縣立醫學大學附屬醫院進行了5G遠距診療實測，與5G與四十公里遠的日高川町國保川上診療所連線，測試能否將遠距診療的技術運用在偏遠地區。

實測過程中，院方透過4K解析度的視訊會議系統與病患溝通，並使用4K鏡頭將患部照片、超音波影像、核磁共振影像傳給大學醫院中的皮膚科、循環系統內科、骨科等專科醫師，共同進行診察。

參加該場測試的醫師表示，遠距診療的過程十分順利，診所醫師也可透過這樣的方式尋求專科醫師的意見。不僅如此，該大學還將5G與遠距醫療教育結合，讓醫學系的老師利用同一套系統，指導偏遠地區的年輕醫師如何使用內視鏡。兩地相隔約六個小時的路程，這樣的方式可免去病患和醫師來回奔波的辛勞。

## 提升手術準確度：「遠距手術支援」

遠距技術還可做到「遠距手術支援」。醫生在開刀時經常會遇到各種突發狀況，手術支援可幫助動刀醫生判斷當下的處理方式。目前有些醫院會以螢幕播放手術實況，讓來支援的醫師確認動刀部位的放大影像、手術機器的狀況等。有了5G後，不在現場的醫師也可進行遠距支援。

東京女子醫科大學領導開發的智慧治療室「SCOT」就是一個例子。「SCOT」是將醫療機器、手術室設備連上網路，在平台上統一管理醫療資訊和手術影像，將資料用手術室裡的大型螢幕播放，又或是結合運用第三方App。

SCOT成立後，備受各界肯定，並於二〇一九年榮獲日本內閣府的「第一屆日本開放式創新大獎」的厚生勞動大臣獎。二〇一八年十二月，SCOT進行了5G遠距實測，預計運用這份技術，透過精密鏡頭將手術實況傳給經驗老道的醫師。這麼一來，即便有醫師因出差等公務無法親臨現場，也能用遠距的方式提供意見，提升手術的精準度。

此外，SCOT還對惡性腦瘤這種高難度手術進行「醫療導航」，由機器或專科醫師對手術過程發號指令，像是目前的動刀位置、動刀位置離重要部位和神經纖維有多遠、能切除多少範圍……等。

以前所謂的「名醫」必須「多才多藝」，除了要有精準的判斷力，還必須擁有高超的執刀技術。有了「醫療導航」後，就能讓善於判斷的醫師發號施令，由聖手醫師依令執刀。

在遠距功能的支援下，醫師就能「各司其職」，發揮長才互相合作。

目前，中國也開始進行5G遠距手術支援。

新華社網站「新華網」於二〇一九年四月八日刊出了一則報導，說廣東省一家地方醫院手術室用5G與四百公里外的廣東省人民醫院連線，透過手術實況直播，由數名心臟外科醫師即時發號施令，幫一名先天性心臟病患者開刀。

該手術採用了新的醫療模式——用3D列印重現病患的心臟，讓雙方醫師用心臟模型討論手術方式。該手術進行得非常順利，中途也並無出現網路遲延的狀況。

遠距診療和遠距手術支援，必須在診療室和手術室進行，雖說可以使用固定通信的方式連線，但這樣可能會妨礙醫護人員的醫療動線。相較之下，5G網路無須考量線路問題，不用接線即可進行遠距醫療。

此外，救護車因不能使用固定通信，有了5G會比現在方便許多。日本前橋市於二〇一九年一月進行了5G急救系統的測試。在5G網路的支援下，救護車人員接到事故傷者後，就能馬上將車內儀器的數據和傷者影像傳給醫院或醫師，依指示即時進行急救。

「連線救護車」除了能夠發揮上述功能，如果醫生正在趕到醫院的路上，還能計算出救護車與醫師會合的最快路徑，縮短移動距離，提升急救效率。

## 國境已不是距離

遠距醫療能「遠」到什麼程度呢？有了5G網路後，能讓國外名醫幫我們進行「跨海遠距手術」嗎？5G低延遲的特性能即時將醫師的操作傳送至手術現場，技術上是辦得到的。但不怕一萬只怕萬一，如果因為某些突發狀況在手術期間網路斷線，那可是人命關天。因此，就病患的接受度而言，要推行跨海遠距手術還是有困難度的。

不過，目前已有很多醫院引進機器手臂，讓醫生用機器手臂幫病患開刀。美國的直覺手術公司（Intuitive Surgical）早在一九九九年就推出了手術機器人——「達文西外科手術系統（da Vinci Surgical System）」，主要由小直徑內視鏡和鑷子、夾子組成，專門用來進行微創內視鏡手術。執刀醫師會在動刀部位開一公分左右的傷口，一邊用3D鏡頭確認手術部位的立體影像，用遠距操作的方式將內視鏡和機器手臂的鑷子插入微創傷口。

這種手術可將對皮膚、肌肉的傷害降到最低，且機器手臂不用擔心「手抖」等情形，能進行更精密、更細膩的操作。就這一點而言，達文西手術不只是一般手術的代替品，而是一種更精細的手術方式。

二〇一四年，達文西外科手術系統於日本正式上市，也創造了許多佳績。遠距手術已行之有年，並非5G的產物，今後的討論重點應該是，5G能為遠距醫療帶來哪些進步。

根據二〇一九年一月十五日新華網的報導，位於中國福建省福州市的中國聯通公司（China Unicom），透過5G與遠在五十公里外的福建醫科大學連線，讓人在聯通公司的醫師利用精密影像遠距操縱機器手臂，幫豬隻進行肝臟手術。該報導表示，豬隻術後狀況相當穩定，手術宣告成功。

雖說該手術的對象是豬隻，但還是遠距完成了一場不容失敗的任務。途中若發生網路延遲，將可能引發致命危機，這沒有5G是無法做到的。

總而言之，「跨海遠距手術」就技術而言是可行的，問題在於病患是否願意承擔風險。話說回來，如果這場手術重要到必須由國外名醫執刀，何不直接飛到國外現場接受手術呢？

不過，遠隔手術技術還是可以用在某些特殊案例，像是病患因為特殊原因無法搬動……等。遠距跟醫療結合會擦出什麼火花呢？今後的發展，著實令人期待。

## 為「看護」創造雙贏局面

談完醫療，我們來談談看護。

正如前面所提到的，5G具有高可靠度、低延遲的特性，能立刻分析、判斷感應器偵測到的內容，讓系統立刻做出反應。這套機制很適合運用在機器人上，因為只要感應器偵測到環境的變化，又或是輸入指令，就能即刻啟動驅動器，讓機器人做出反應。

日本社會不斷走向高齡化，對看護的需求也日益增加。在看護人力不足的情況下，大家都非常期待能研發出看護機器人。順帶一提，這裡的「機器人」不一定要是人型，而是指能夠代替人類工作或進行生活支援的機器。

看護機器人可分為兩種：一種是輔助看護人員；一種是輔助被看護者。後者主要是協助走路、吃飯等起居，讓被看護者可以獨立生活。

其中，最常見的應該就屬「電動代步車」了。看到這裡一定有人心想：「電動代步車算機器人嗎？」事實上，WHILL公司已開發出一種智慧型電動代步車，不但具有自動駕駛、迴避衝撞、追隨隊伍等功能，還能使用語音對話的方式進行導航。

WHILL的代步車內建藍芽，可用智慧型手機遠距操控，又或是確認行駛距離——這儼然已超越電動代步車的概念，堪稱「移動輔助機器人」。

將這種電動車與5G結合後，家屬就能隨時掌握被看護者的位置，發生意外時也能立刻進行處理。若被看護者「危險駕駛」，比方說開在一般車道上，還能用遠距操縱幫他「拉回正軌」。

此外，在自家、醫院、看護中心等特地場所，還可開啟自動駕駛功能，減少被看護者的負擔。這些「看護機器人」連上線後，能提供比家屬、看護人員更細緻的照護。4G僅能做到「守護」，5G則能進一步「介入」，用遠距操作進行緊急處理。

## 看護機器人如何輔助看護人員？

那麼，看護機器人能如何支援看護人員呢？「動力輔助服（Power Assist Suit）」就是一個例子。看護人員經常需要扶助或移動病（老）人，過程十分耗費體力，穿上這種裝置可使出比自身肌肉更大的力氣，減少體力負擔。事實上，當初開發動力輔助服主要並非看護用途，但「力氣不足」一直是看護工作的一大困難，動力輔助服能有效解決人力不足或居家照護等問題。

日本Cyberdyne公司是該領域的先驅，他們成功開發出全球第一件動力輔助服——「HAL（Hybrid Assistive Limb）」。HAL能偵測皮膚所發出的電流訊號，配合穿戴者支援身體的動作。

大腦是人體的主宰，它通過神經向肌肉發出訊號，人類才能做出屈膝、挺胸等動作。每當大腦發出指令時，人體表面就會出現微弱的電流訊號，HAL能感應到這些訊號，協助人體做出超越肌力的運動。

穿上HAL後，看護人員就能輕鬆幫看護者翻身，又或是從床上扶到代步車上，看護過程也不再那麼吃力。

動力輔助服不需連上網路也可使用。現階段是利用輔助服減輕看護人員的體力負擔，今後將繼續開發新技術，將所有需要勞力的看護工作交給機器人負責。

事實上，目前已有不少公司開發出看護機器人，像是豐田汽車的「起身輔助機器人（移乗ケアアシスト）」，又或是松下電器（Panasonic）的離床輔助機器人——「樂休移Plus（離床アシストロボット・リショーネPlus）」。但看護過程包含各式各樣的勞動工作，今後還需要更萬用的機器人。

豐田汽車於二〇一八年十一月與NTT DOCOM合作，透過5G連線遠距操控豐田汽車的人型機器人——「T－HR3」，測試過程相當成功。

T－HR3並非用遙控器操控，而是在操作人員身上裝置感應器，讓T－HR3做出跟他一樣的動作。這樣的模式稱作「遠距臨場（Telexistence）」，即便操縱人員不在現場，機器人也能臨場反應出他的動作，彷彿多了一個分身似的。

T－HR3的感應器必須確實偵測出操作人員的所有動作，即時將指令傳送給機器人，再將機器人的舉動回傳給操作人員。因過程中不能發生網路延遲，以往都是用有線的方式進行，機器人的活動範圍也因而受限。多虧了5G的高速大流量、高可靠度低延遲等特性，才能成功無線連線。

將5G和遠距臨場技術結合後，看護現場的勞力工作就可全數交予機器人負責。只需一名看護人員即可遠距操縱數台機器人。這麼一來，不但看護過程將輕鬆許多，還可解決看護業界勞動力不足的問題。

機器人與5G的通訊特性相當「合拍」，未來發展精彩可期。尤其如今日本正面臨高齡化問題，看護業界深受勞動力不足之苦，相信看護機器人一定能開創出許多可能性。

# 5 認證與個人化的革新

## 日益普及的「無現金交易」

接下來，我要跟各位談談，5G時代的重大生活變化——「認證」的普及。進入5G時代後，認證功能將完全融入我們的生活，幾乎所有服務都需要認證。

目前我們生活中有哪些「認證」呢？各位身上應該多少都有幾張會員卡或集點卡吧？如果只是單純的紙本集點卡，當然是不具認證功能的。但如果是有條碼的塑膠卡，又或是手機裡的QR圖碼（QR Code），只要交予店員讀取，就能認證會員身分。

認證是什麼？認證有什麼樣的機制？因我們要談的是認證為生活帶來的改變，在此先不深究這兩個問題。只要能夠認證消費者身分，就能透過在App上綁定的信用卡來結帳。

這幾年「無現金交易」一直都是熱門討論話題，要進行無現金交易，一定要先通過認證，以確保消費者是用自己的信用卡付費。因日本人偏好現金交易，一定要盡量簡化認證手續，否則無現金交易很難在日本社會普及。

為什麼這幾年愈來愈流行無現金交易呢？因為對買賣雙方而言，持有或使用現金都是需要成本的。除了信用卡，如今許多公司也紛紛推出了無現金支付方式。在大亂鬥的局面下，日本經濟產業省❶於二〇一八年四月發布了「無現金願景報告」，對「無現金交易」加以定義，並分析說明當前的市場環境，讓普羅大眾對「無現金交易」抱有共識，藉此避免對買賣雙方造成負擔，讓購物過程更加方便。

此外，該報告中還宣布了今後日本發展「無現金交易」的目標——為迎接二〇二五年在大阪關西舉辦的世界博覽會，日本政府希望透過企業、政府、學術界三方合作，將無現金交易的比率提升至四〇％以上，之後更要提升到八〇％，也就是全球最高水準。

譯註①：日本中央省廳之一，相當於台灣的經濟部。

## 5G特性與認證功能

5G可提升辨識、認證的精準度，有助於「無現金交易」的推廣普及。

日本航空日前與KDDI攜手，於二〇一九年三月推出「免掃描登機革命」。他們於搭機口上方設立5G天線，將光線狀的5G電波向下照射，直接感應乘客的智慧型手機。乘客無須特地拿出手機，即可直接通過閘口登機。

這其實是一種「反向操作」，因5G毫米波的傳播距離較短，只有搭機口的下方才能通訊，這才產生了這種新的認證方式。

這種登機方式非常方便，乘客無須出示QR圖碼，兩手空空就能通過。若將這種技術結合JR東日本鐵道的西瓜卡（Suica），直接通過閘口就能結帳，那就更有看頭了。

這麼一來，我們只要通過購物中心或商店入口設置的自動辨識系統，買東西就不用特別拿到櫃檯結帳了。

二〇一八年十月到十二月之間，JR東日本鐵道在赤羽站的月台上，進行了無人商店試營運。該商店的入口設有西瓜卡感應機，顧客進店時先感應卡片，選好商品後，只要再感應一次卡片即可完成結帳，出口閘門就會自動打開。

第一次感應卡片是為了認證顧客身分，店裡設有多顆鏡頭追蹤顧客，每當顧客拿起店內商品，系統就會辨識商品並加算金額，再於離店感應時一併扣款。

該案例是用西瓜卡進行認證和扣款，再用影像辨識顧客和購買的商品。事實上，這並非唯一一種方式，比方說，7－11的實驗商店適用員工證進行認證和扣款，另一間便利商店——Lawson的實驗商店則是用智慧型手機認證顧客身分，再用手機讀取商品條碼。每家商店都有各自的方法來認證「顧客身分」、「付款」和「購買商品」。

美國亞馬遜公司旗下的無人便利商店——「亞馬遜Go（Amazon Go）」又是怎麼做呢？顧客在進店時開啟亞馬遜Go的App掃描QR圖碼，離店時只要帶著商品通過閘口，系統就會從App綁定的信用卡直接扣款付帳。

根據科技新聞網「TechCrunch」二〇一八年一月二十三日的一篇報導，亞馬遜Go是用QR圖碼進行來店認證，為顧及顧客的隱私，他們並無臉部辨識，而是用大量鏡頭持續捕捉顧客的動作，辨識顧客買了哪些商品，透過動作的連續性來防止張冠李戴。

亞馬遜 Go：顧客通過閘口即自動完成付款（紐約店）

照片來源：聯合通訊社／ AFLO

「無現金支付」不只是用塑膠貨幣取代現金，還免除了到櫃台結帳這個步驟，為顧客帶來新的購物體驗。「認證」是無現金支付過程中不可或缺的步驟，5G的「免掃描認證」太過「無感」，或許在不久的將來，我們連自己「被認證了」都不知道呢！5G將引發什麼樣的「認證革命」呢？讓我們拭目以待。

## 廣告革新：數位看板

「認證」是個體與行為、資

料數據的連接樞紐，除了可用在結帳，在許多領域都發揮了舉足輕重的功用。無現金支付除了可以縮減顧客的等待時間，提升結帳效率，還能透過身分認證與結帳資料，分析顧客的屬性和喜好，配合顧客的「口味」提供消費資訊，也就是所謂的「個人化」。

「個人化」用於廣告宣傳特別奏效。現在只要在購物網站買過東西，系統就會根據你的購買記錄，分析出「你可能有興趣的商品」。

目前智慧型手機的廣告已經高度個人化，進入5G社會後，不只你個人的手機，就連其他廣告也能做到「因人宣傳」。

數位戶外廣告（Digital out of Home，簡稱DOOH）就是一個例子。這種廣告顧名思義，就是路上的電子看板又或是大型螢幕上所播放的廣告。

跟傳統的戶外廣告相比，數位廣告不但省去了置換的麻煩，近年來還出現了能跟外部環境連動的「動態數位戶外廣告」，開啟了廣告的新局面。

早在二〇一五年，日本數位看板聯盟（Digital Signage Consortium）所主辦的「數位看板獎」得獎作品就已是動態數位廣告。

日本女性雜誌《CanCam》就曾在都營大江戶線的六本木站月台上設置「電車互

動型數位廣告」，只要電車進站，螢幕中模特兒的裙子就會「隨風飄動」。

潘婷（PANTENE）也曾設置「紫外線互動型數位廣告」，他們在防曬化妝品的動態廣告看板上裝設紫外線計測器，當紫外線變強，看板上顯示的價格就會降低，變弱則調高。

## 國外案例

國外也有很多動態數位廣告的案例。英國倫敦皮卡迪利圓環（Piccadilly Circus）設有一座大型數位看板，該看板所播放的英國航空公司（British Airways）廣告就相當有名。

廣告中，一個原本坐在地上的小男孩突然站起來看著上方，然後舉起手來指著天空。觀眾沿著他手指的方向看去，就能看到實際飛看板上方空中的英航飛機，這時螢幕上就會出現「它從哪裡來？」的字樣。這個廣告令人「過目不忘」，留下極深刻的印象。

這種讓數位看板與電車經過、紫外線強度、飛機飛過等情境「互動」的廣告方式，著實提升了廣告效果。若能配合5G發展出「個人化動態數位廣告」，廣告效果定能更上一層樓。

「個人化動態數位廣告」——簡單來說，就是讓系統辨識看板附近的潛在觀眾，除了配合周邊環境，還可依觀眾的人數、屬性、喜好來播放最適合的廣告內容。

以英國航空為例，如果系統經辨識後，發現目前看板旁邊的女性人數較多，就可播放較能吸引女性的飛行目的地，介紹當地的觀光景點或餐廳，藉此提升廣告效果。

在5G的支援下，還能進一步將大眾交通工具與個人化動態數位廣告做結合。電車、地下鐵、公車裡的「廣告環境」時時刻刻都在變化。有了5G後，大眾交通工具的廣告螢幕就能配合附近乘客需求來變換播放內容，像是下一站附近的商店介紹、目前餐廳有無空位……等，為乘客提供所需的廣告資訊。

以傍晚六點的車廂為例，如果車廂內較多剛下班的男性上班族，看板就可播放下一站剛開幕的居酒屋廣告，並顯示目前有無座位——這樣的廣告效果，肯定比一般的靜態廣告高出許多。

## 5G的未來不是夢

看到這裡，一定有人覺得我是在「做白日夢」吧。但其實，NTT DOCOMO已和電通廣告公司合作，於二〇一九年二月共同成立了一家名叫「LIVE BOARD」的公司。該公司將運用NTT DOCOMO所持有的「行動空間統計（Mobile Spatial Statistics，簡稱MSS，基於行動通訊系統運用數據的人口統計）」，根據不同日期、不同時段，配合看板附近民眾的性別、年齡來播放最適合的廣告內容。此外他們也宣布，今後將與5G結合推出新型態的廣告。

因此，上述的廣告方式絕對不是癡人說夢。也許在不久的將來，你我就能看到廣告看板「脫胎換骨」囉！

# 6 從「智慧城市」到「超智慧社會」

## 迎接「超智慧社會」

當所有的生活物品都連上網路，都市的樣貌也將煥然一新。

各位應該都聽過「智慧城市」這個詞吧？自二〇〇〇年開始，日本政府喊出「活用資訊通訊科技，解決都市問題，提升生活品質」的口號，並揭露「發展智慧城市」的目標。當時，太陽能發電和電動車等新電力技術抬頭，「如何做好都市的能源管理」也成了紅極一時的話題。

數位革新後，物聯網端末（具特定功能之感應器、鏡頭等低成本端末）不斷推陳出新，電信公司開始提供較低廉的通訊服務，人工智慧也隨著機械學習、深層學習而有了進一步發展。在這樣的大環境下，日本政府開始提倡「社會5・0（Society 5.0）」的概念，希望藉由科技的發展，來解決更廣泛的都市和社會問題。

「社會5・0」是怎麼來的呢？「5・0」是「第五階段」的意思，第一階段是「狩獵社會」，第二階段是「農業社會」，第三階段是「工業社會」，二十世紀後半葉則進入第四階段的「資訊社會」。日本政府認為，前述的數位革新引發了產業革命，「社會5・0」就是在探討資訊社會今後將如何變化。

日本內閣於二〇一六年一月定案了「科學技術基本計畫」，內容寫到：「將資訊通訊科技盡最大之運用，致力將網路空間和現實空間合而為一，滿足人類的各種需求。」並將「社會5・0」定義為「超智慧社會」。

社會5・0的主題相當多元，包括能源管理的最佳化、道路交通系統的高度化、製造業的流程革新。日本政府行政機關上下一心，打算由企業、政府、學術界三方合作，以舉國之力，打造新社會。

## 以人類為中心的社會

在「社會5・0」時代，所有區域的發電、用電等資料，包括氣象資訊、發電廠的運作狀況、工廠的太陽電發電狀況、電力使用狀況等，都將交由人工智慧蒐集分析，將能源做更精準地管理與運用。

除了家庭能源管理，日本政府預計將管理範圍擴大至整個社會，設法穩定能源供給，以減輕環境負擔、減少溫室氣體為目標。

交通方面，將使用三維空間的「動態地圖（Dynamic Map）」，這種地圖可即時反映出感應器偵測到的內容、路寬、行車線、標示等資訊。導航方面，則使用人工智慧分析目的地、路況，甚至是駕駛和乘客的喜好，為駕駛規劃最適合的路線。

這種路線規劃方式，除了能滿足用戶的需求，還可用來解決社會問題，像是降低二氧化碳的排放，又或是促進消費，達到活化地區經濟的效果。

醫療、看護方面，「社會5・0」時代，將利用人工智慧分析心跳和血壓的即時數據，配合醫生的問診記錄，以維持個人健康。這麼做，除了可早期發現、早期治療，還可降低醫療或看護費用等社會成本，並解決醫療人手不足的問題。

各位發現了嗎？這些「社會5・0」的內容，是不是跟前面介紹的5G案例很像呢？沒錯，5G正是「社會5・0」的發展基石，5G的測試結果可用來建構「社會5・0」，作為效果上的參考。換句話說，「社會5・0」其實就是5G應用的集大成。

從「智慧城市」到「超智慧城市」的轉變如下——

**①人們可透過物聯網、智慧型手機、穿戴式裝置，取得各式各樣的數據資料。**

**②隨著人工智慧的進步，可將這些數據作為解釋變數。**

**③運用②的分析結果來提升狀況預測和個人化的精準度。**

這麼一來，就能直搗「社會5・0」的核心——「打造以人類為中心的社會」，在提升人們生活品質的同時，解決社會問題。

## 與地方公共團體合夥結盟

跟都市比起來，地方因人口流失和高齡化日漸嚴重，正面臨嚴峻的社會問題。因「社會5・0」能有效解決地方的社會問題，所以經常被拿來跟「地方創生」做連結。

比方說，有些鄉下地區的老人家無法開車，醫院也常面臨人手不足的困境。前面提到的安全駕駛支援、遠距醫療，就很適合用來解決這些難題。

資訊通信科技為我們帶來了新的生活方式，智慧型手機和線上服務也不斷推陳出新。有趣的是，資訊通信科技的創新大多是以都會年輕人為起點，「社會5・0」的革新卻是從地方出發。

目前許多日本都市都推出了以「社會5・0」為目標的企劃案，日本國土交通省❷也於二〇一九年三月開始募集「智慧城市事業」，希望藉此開啟走向「社會5・0」的康莊大道。

第一章提到，目前通訊業者正積極與企業和地方公共團體合作。那麼，日本三大

譯註②：日本中央省廳之一，相當於台灣的交通部。

電信公司已跟哪些地方「結盟」了呢？

ＮＴＴ ＤＯＣＯＭＯ是與山梨縣、靜岡縣、大阪府、高知縣、沖繩縣的四個村鎮（與那國町、國頭村、大宜味村、東村）、前橋市、廣島市等地簽訂合作協定；ＫＤＤＩ的合作對象有東京都足立區、御殿場市、薩摩川內市、白馬村……等；軟銀則是德島縣、廣島縣、犬山市、宇治市、高濱市、東松島市、福山市等地。若把已進入實測階段的都市也算進去，數量其實相當可觀。

對通訊業者而言，地區性的社會問題是5G商業的運用材料，也難怪這些電信公司要爭相與地方公共團體簽約。

相信已經有眼尖的讀者發現，廣島和ＮＴＴ ＤＯＣＯＭＯ與軟銀都有合作關係。福山市除了ＫＤＤＩ，還同時與軟銀跟豐田公司合資開的「Monet科技公司」簽了約。

由此可見，地方公共團體並非任由通信業者「與取予求」，也會依據自己的需求跟不同公司合作。

通訊業者預計先打造出「社會5・0」的都市模型，再將內容複製到其他都市。

因地方人口密度低，使用智慧型手機、平板電腦的人口較少，所產生的「上網費用」也遠遠低於都市。也因為這個原因，電信公司才要積極在地方開發「社會5・0」的服務與功能，從地方企業和公共軟體的身上賺取收益，作為繼續投資5G的資本。

為達到這個目標，通訊業者應設法找出地方需求，建構商業模式，階段性地推廣5G，並運用這些電信基礎架構來轉型成「社會5・0」。

# 7 繼智慧型手機之後登場的是？

在本章的最後，我要跟大家談談未來的「個人行動裝置」。5G時代的主角依然是智慧型手機嗎？新世代的端末機又是什麼呢？

事實上，目前仍未出現能撼動智慧型手機地位的端末機。各家手機廠商預計都將推出5G智慧型手機，智慧型手機並無沒落之勢。

值得注意的是，近年來智慧型手機在外觀上都沒有什麼差別，設計上也都追求簡化，沒有按鈕、沒有邊框、前置鏡頭無開孔……基本上，已經沒有可精簡的部位了。

那麼，前面提到的折疊式大螢幕呢？就算今後發展出三折、四折螢幕的機種，也不見得能夠普及。攜帶型螢幕並非愈大愈好，折數愈多，厚度和重量也會隨之增加，帶在身上很不方便。再說，外出時，太大的螢幕也並不實用。

既然不能改變「外在」，就只能在「內在」，也就是功能上動手腳了。今後智慧型手機的功能將愈來愈強大，包括內建多顆鏡頭、附加書寫裝置、提升喇叭音質、增加新的認證或付款機能……等。

然而，可以想見，智慧型手機已經很難有「驚人之舉」了，民眾對智慧型手機已是習以為常，智慧型手機也很難再改變消費者的生活或行為。就這點而言，智慧型手機無論在外觀上、還是功能上，都已經發展得相當成熟。

## 未來之星：穿戴式裝置

現代人從早上起床到晚上就寢，基本上，都離不開智慧型手機。不過，即便是人們這麼依賴智慧型手機，「穿戴式裝置」還是搶占了一席之地。最近，日本用 Apple Watch 刷西瓜卡或在便利商店結帳的人，是愈來愈多了。

美國市場調查公司——國際數據資訊（International Data Corporation，簡稱ＩＤＣ），在

二〇一八年四月發布了一份數據，稱全球穿戴式裝置的出貨台數，將在二〇一八年預計達到一億三千兩百九十萬，二〇二二年則會突破兩億，來到兩億一千九百四十萬，年平均成長率高達十三・四%。日本國內預計也有五・五%的年平均成長率，從八十九萬兩千台增加至一百一十萬三千台。

無論是其他國家、還是日本，裝戴式裝置都是以「智慧型手錶」為主。在二〇一六年以前，「穿戴式裝置」是以功能簡單、價格便宜為主流，其中最具代表性的，就是用來記錄運動過程的「運動手環」。二〇一七年起，Apple Watch 等智慧型手錶紛紛上市，穿戴式裝置的功能也愈來愈多元化。

穿戴式裝置體型都很小，因能搭配小螢幕的零件有限，一開始才會以「功能簡單」、「價格便宜」為製造主流。但蘋果等大廠擁有雄厚的硬體開發實力，他們透過巧妙的介面設計，讓小螢幕也能夠隨心所欲地滑動操作。多虧這些大廠的努力，現在的穿戴式裝置才會改以手錶型的萬用端末機為主流。

根據國際數據資訊的調查，二〇一八年第四季的穿戴式裝置出貨量中，蘋果就占了六成，堪稱壓倒性的市占率。Apple Watch 的功能愈來愈完善，用戶能用 Apple

Watch 來解鎖其他的蘋果產品，還可連接 4G，一錶在手，網路就有，綁定西瓜卡還可用來付款，感應一下即可出入車站。方便的功能加上快速的處理速度，鞏固了 Apple Watch 在市場的地位，甚至取代了智慧型手機的部分功能。

但請別誤會，Apple Watch 不僅僅是智慧型手機的代替品，它還具有獨特的健康管理功能。

Apple Watch 能透過「光學心率感測器」偵測心跳。經設定後，手錶會在心率超過一定數字時提醒用戶，又或是在用戶跌倒時發出緊急通知。這些功能，至今不知救回了多少人的性命。

不僅如此，最新的第四代 Apple Watch 還多了「電子心臟感應器」，可記錄用戶的心電圖。不過，Apple Watch 必須取得醫療機器認證，才能在日本國內使用心電圖功能，所以，該功能目前在日本是關閉的。

智慧型手機或許能偵測到跌倒，但像心率、心電圖這類功能，就只有貼合在肌膚上的穿戴式裝置才能辦到，相信今後穿戴式裝置，也會繼續往「醫療保健路線」發展。

## 「超高可靠度小流量」通訊

若穿戴式裝置不願淪為智慧型手機的替代品，就要有吸引智慧型手機用戶「戴上它」的特質。目前 Apple Watch 很多功能都必須與 iPhone 配合，但有些 App 已可讓 Apple Watch 單獨使用。未來或許只要一錶在手，就能夠搞定生活中的大小瑣事。

在目前已普及的穿戴式裝置中，Apple Watch 具有舉足輕重的地位，這也是我前面一直以 Apple Watch 當例子的原因。

穿戴式裝置想要打入市場，當然不能只是智慧型手機的替代品，而是要設法創造屬於自己的價值，前面提到的「健康管理功能」就是一個例子。

這跟 5G 有什麼關係呢？要能夠隨時傳送心率和心電圖，還必須在緊急時刻立刻通知家人，想必需要值得信賴且具即時性的通訊環境。且這些資料的檔案不大，屬於「超高可靠度小流量」通訊。

穿戴式裝置的其他功能和健康管理功能，講究的網路環境不同。若能運用 5G 的網路切片技術，就能將兩種功能的通訊分開，並訂出不同的通訊費用。

## 當網路無所不在

將來資訊通信科技會發展到什麼地步呢？如今科技日新月異，要做出超長期預測，簡直是不可能的任務。與其預測將來，倒不如將重點放在「願景」，並思考如何往目標邁進。

進入二〇〇〇年後，日本的網路目標就是打造「網路無所不在的社會」，根據總務省的定義就是：「隨時隨地，所有物品、所有人都連上網的社會」。

在這個人手一台智慧型手機的物聯網時代，「網路無所不在」早已成了理所當然。但要知道，日本政府剛提出這個目標時，連 iPhone 都還沒上市，大家拿的都是功能型手機，主要都是用電腦上網。正因為當時宣布了這個「先進」的共同目標，相關人士才會努力「追夢」，進而創造出現在的成果。

「無所不在」的英文為「Ubiquitous」，這個詞源於拉丁語，原為「遍在」、「全在」之意，也就是「隨時隨地都在」的意思。第一個將這個字使用在資訊通信科技上的，是美國帕羅奧圖研究中心（Palo Alto Research Center）的電腦科學研究人員馬克・維瑟（Mark

Weiser）。他提出了「運算遍在」的概念，也就是「生活處處有電腦」。

智慧型手機開創了「行動運算（Mobile Computing）社會」。如今，民眾人手一機，有如帶著一台電腦「趴趴走」。再加上，行動通訊系統和資料中心的進步，「雲端運算（Cloud Computing）」模糊了「電腦」的界線，只要擁有端末機就可連上網路。這已「幾乎」達成當初所訂下「網路無所不在」的目標。

但從「吹毛求疵」這點的角度來看，「無所不在」是指「隨時隨地都在」，現在，我們必須透過自己的端末機才能連上網，還沒有達到「無所不在」的境界。智慧型手機、穿戴式裝置等個人端末，未來是否能夠存續？這將是今後必須討論的話題。

## 網路無所不在的5G時代

如前所述，5G將引發「認證功能」和「個人化」的革新。如果能運用亞馬遜Go的鏡頭追蹤技術，在生活中的各個角落設置鏡頭，就無須再透過個人裝置進行認證。更進一步來說，也可以在生活中的各個角落設置智慧型電子看板，在民眾經過時播放當下他最需要的內容，這樣就無須使用自己的手機上網查詢了。

假設，我們不用透過手機，也能隨時隨地瀏覽到畫面，那就沒有隨身攜帶手機的必要了，不是嗎？

索尼（Sony）和愛普生（Epson）等廠商，近年來紛紛推出了「短焦投影機」。這種投影機體型較小，能夠在短距離內投影出大畫面。即便沒有電子看板，也可以把牆壁當作螢幕使用。在生活的各個角落設置鏡頭和電子看板——這聽起來，或許有點荒謬，但如果不考慮成本，技術上是可行的。

只要將這些設備加上5G網路，就能確實達成「網路無所不在」的目標。不用透過智慧型手機或智慧型裝置，整個城市就是你的電腦。

根據《Business Insider》二〇一九年一月八日的報導，中國百度（Baidu）創建人李彥宏在參加電視台新年特別節目時預言：「智慧型手機將在二十年內消失。」目前智慧型手機的大半功能，都將被電器用品上的人工智慧所取代。

各位發現了嗎？這個「電器用品＋人工智慧＝取代智慧型手機」的概念，跟前面提到的「生活各個角落的端末機＋5G人工智慧＝取代智慧型手機」，簡直是如出一轍。

資訊通信科技的進步，其實就是一個不斷「分分合合」的過程——分散的個人裝置，先各自發展出高度功能，隨著網路愈來愈快速，漸漸改在雲端上集中處理。然而，當更新的功能受限於網路時，就會改回個人裝置，靜待技術成熟後，再次合體。

就這層意義而言，進入5G時代後，個人裝置的功能可能會逐漸集中在雲端或網路邊緣節點，實體裝置將改走低功能、低成本路線。發展到最後，未來可能不再需要個人裝置。

# CHAPTER 03

# 5G 時代的商業轉型

ビジネスをどう変えるのか

# 1 5G帶來的產業衝擊

看完5G對生活的影響，我們來看看，5G會怎麼改變商業模式。

第一章提到，5G將成為各行各業進行數位轉型的基礎。愛立信曾公開一份名為《5G產業衝擊》(The Industry Impact of 5G)的報告，稱預計到二〇二六年，5G所引發的數位轉型能為十大主要產業帶來一‧三兆美金的市場規模。

產業的結構比例方面，由高至低排列，為公共能源(水電瓦斯)一九%，製造業一八%，公共安全(警衛、防盜)一三%，健康醫療產業一二%，大眾交通產業一〇%，媒體娛樂產業九%，汽車產業八%，金融服務業六%，零售業四%，農業一%。

一直到4G為止，行動通訊系統主要改變的，都是「消費者」的生活方式；像是健康管理、媒體、汽車、金融、零售等，都屬於「消費者」的範疇。而5G為「商業」帶來的各種革新，如機器自動檢驗、機器人自動控制……等，將大大超越對消費者的影響。

具體而言，5G將為各行各業帶來哪些革命性的變化呢？讓我們繼續看下去。

# 2 公共能源產業革新

## 智慧型電表的三大效益

前面愛立信的報告中提到，5G最大的經濟效果發生在「公共能源產業」，占了整體的一九%。5G要怎麼結合公共能源呢？像是智慧型電表、智慧型電表基礎系統（Advanced Metering Infrastructure，簡稱AMI）、分散型電源（小規模太陽能發電等發電裝置）管理、大型發電設施的遠距管理……等，都屬於這個範疇。

目前電力公司正積極推廣「智慧型電表」——也就是具有連線功能的電表。專門負責東京電力配電事業的「東京電力電網公司（東京電力パワーグリッド）」，預計於二

○二○年度前，將區域內所有用戶都換成智慧型電表，總台數將近兩萬九千萬台，每三十分鐘回傳一次用電量。

電網公司預計智慧型電表，將帶來三大效益——

第一，節能省電。將電表回傳的數據傳給用戶，可幫助用戶檢視自己的用電狀況，若有浪費電的情形可立即改善。又或是將數據傳給家庭能源管理系統（Home Energy Management System，簡稱HEMS，一種可跟電器連線的節能系統），讓系統更精準地控制用電。

第二，提升設備效率。傳統電力公司是根據契約內容來估算變壓器的負荷電流，以作為設備投資的基準。換成智慧型電表後，就能掌握每三十分鐘的用電量，電力公司就能更準確地估算負荷電流，選用更合適的變壓器容量，提升設備投資的精準度。

第三，簡化查表過程。一般電錶在更換總電源、或有接斷電等業務時，一定要派人到現場作業。有了智慧型電表後，這些工作就能由機器自動進行，又或是遠距操作，進而達到壓低人事費用的效果。

事實上，電網公司早在二○一四年度就宣布，要在十年內完成電表的更新工作，如今更預計提早三年完成。為什麼電網公司急著要將傳統電表換成智慧型電表呢？一方面是因為前面的三大效益，一方面是他們打算用這些蒐集到的「電量數據」來開創新的事業。

日本經濟產業每年都會召開數次「電力瓦斯基本政策小委員會」，資源能源廳❶曾在會上報告各家電力公司的智慧型電表預設台數，以及二〇一七年期末的裝設進度。其中大都市圈進展的速度較快，東京電力為三九・三％，關西電力為五七・五％。全日本的預設台數為七千八百萬台，目前已裝好兩萬八千萬台。

要在二〇二四年度前，全數裝設完成，每年都必須汰換掉數千萬台傳統電表，全面推行智慧化。

5G具有「大規模機器型通訊」的特性，除了可支援智慧型電表定期回傳數據，在通訊功能的分散式發電（Distributed Generation，簡稱DG）大量普及後，也不用擔心通訊問題。

## 論點❶ 為什麼不用固定通訊系統就好？

智慧型電表在通訊方式上，其實存有許多爭議，這裡我們來看看，最常見的兩個

譯註①：日本中央省廳之一，專門負責跟資源、能源有關之施政項目。

論點。

第一個論點是「為什麼不用固定通訊系統就好？」人跟汽車會移動，使用「行動通訊系統」是理所當然；但智慧型電表、分散式發電、發電設備都是不會動的固定裝置，直接用固定通訊系統連線，不就好了？

如果建築物本來就設有這些裝置的網路線，當然使用固定通訊系統就好；但如果沒有，就必須重新施工拉線。而且這些裝置一般都設於戶外，要怎麼部署網路線也是一個問題。

電表裝設人員並非通訊專家，如果因為某些原因而必須更換電表的設置點，他們無法立刻處理線路等問題，後續會變得非常麻煩。

智慧型電表要使用無線通訊必須先裝設連線功能，這樣雖然會拉高生產成本，但至少不會產生上述的線路問題。考慮到時間與數量的問題，還是無線通訊較為妥當。

### 論點❷ 用不用 5G 有差嗎？

第二個爭議是「用不用 5G 有差嗎？」。

電量數據花費的流量並不大，因採定期間歇的傳送方式，對延遲也不是那麼講究。傳統電表每個月只需查表一次，智慧型電表則是每半小時就會傳送一次數據，即便偶爾傳送失敗，只要在下一次傳送時更新數據，就不會引發太大的問題。

基於以上原因，有些人認為智慧型電表根本不需要用到5G，這種物聯網型的通訊，只要使用「LPWA（低功率廣域網路，Low-Power Wide-Area）」即可。LPWA屬於長距離、低耗電的通訊方式，一座基地台就能處理廣域且大量的端末，對端末機而言，也較節能省電。

LPWA雖然價格較為便宜，品質卻會相對受到壓縮。事實上，像智慧型電表這種「定期上傳小流量數據」的傳輸方式，在5G時代可是至關重要的技術。想要了解物聯網，就一定要先搞懂低功率廣域網路。

## 物聯網的支柱：低功率廣域網路

LPWA可分為「蜂巢式LPWA」和「非蜂巢式LPWA」。這裡的「蜂巢」

是指「行動網路」，「蜂巢式LPWA」是指4G這種需要執照，才能使用頻寬的低功率廣域網路。

5G的低功率廣域網路，當然也屬於蜂巢式LPWA。蜂巢式網路有兩個特徵：一是必須在全國各地布下「天羅地網」才能夠通行無阻，二是要有執照才能使用頻率；所以一般通訊品質都較為良好。

「非蜂巢式LPWA」使用的頻率無須執照，但同樣也需透過基地台連線，為方便區分才命名為「非蜂巢式」。「非蜂巢式LPWA」雖然沒有行動網路這麼普及，但在可以使用的地方卻擴張得非常快速。再加上它是專門設計給低功率廣域網路的通訊方式，通訊價格比蜂巢式LPWA要來得便宜。

現階段「蜂巢式LPWA」有兩種方式：一是LTE－M（Long Term Evolution-Machine），一是NB－IoT（窄頻物聯網，Narrowband Internet of Things）。前者可抑制行動通訊系統的規格，後者則是專為物聯網行動通訊所設計。

LTE－M的最高傳輸速度為1Mbps，可隨移動進行訊號切換（Handover，切換基地台），也支援空中韌體更新（Firmware Over-the-Air，簡稱FOTA，無線更新端末機的系統軟體）；NB－IoT最快傳輸速度只有63Kbps，也沒有支援上述兩種功能。

日本國內的通訊費用方面，LTE－M的月費大約為幾百日圓；軟銀於二〇一八年四月首度推出商用NB－IoT，價格非常便宜，每個月只要十日圓起。

綜合以上，如果通訊對象位置不固定、傳輸量稍大，又或是需要定期更新軟體，請使用LTE－M；相對地，如果用量不大，通訊對象位置固定，費用方面又屬於低價取向，那麼NB－IoT即可滿足你的需求。

## 什麼是「非蜂巢式LPWA」？

接下來，我們來看看「非蜂巢式LPWA」。非蜂巢式LPWA使用的是920兆赫頻寬，因該頻率無須執照，所以許多通訊業者都有推出相關方案，其中最主要的是，美國LoRa聯盟（Lora Alliance）主導的「LoRaWAN」和法國Sigfox公司推出的「SIXFOX」。

推動LoRaWAN標準化的LoRa聯盟，是美國陞特公司（Semtech）與IBM等企業一同設立的標準化機構。他們訂定的標準已成為公開的技術規格，可供各家公司建立自營網路。其提供的服務內容和費用不一，依安裝方法不同，傳輸速度從幾百bps到幾十Kbps都有，傳輸距離也在幾公里到一百公里之間不等。

法、韓等國，是由行動網路電信公司（Mobile Network Operator，簡稱MNO）推出各自的LoraWAN服務。日本的物聯網通訊平台公司——「Sense Way」也於二〇一七年十一月宣布，將在日本全國建構LoraWAN網路。

Sixfox公司，二〇〇九年創建於法國，它們推出的同名LPWA——「SIGFOX」是專門設計給物聯網使用的無線通訊系統，其上載傳輸速度為100bps，單次通訊為十位元組（Byte）。

「SIGFOX」的範圍遍及全球，但他們在每個國家都只跟一間公司簽約，由合作公司在該國設立通訊設備。順帶一提，日本是由京瓷通訊系統（Kyocera Communication Systems，簡稱KCCS）獨家取得授權。

由此可見，Lora Alliance和Sigfox兩家公司採取了完全不同的策略，前者採取開放式戰術，僅訂出標準規格，安裝是讓全球各地的相關業者自由發揮；後者則是採取閉鎖式戰術，設計出最適合LPWA的通訊規格，以一國一業者的原則，推廣至全球各地。不過，兩者還是有共通點的，他們都是透過壓低單次傳輸量、抑制通訊速度、擴張基地台覆蓋率等方式，盡可能地壓低通訊成本。

其他非蜂巢式LPWA還有「Wi-SUN」、「Wi-Fi Halow」、「ZETA」、「ELTRES」……等。這些LPWA各有特色，「Wi-SUN」主要是以智慧型電表為對象，目前正由日本主導推動標準化；「Wi-Fi Halow」是由Wi-Fi聯盟（Wi-Fi Alliance，簡稱WFA，負責推廣Wi-Fi的團體）所制定的低功率廣域網路；「ZETA」是日本「ZETA聯盟」基於英國縱行科技（ZiFiSense）獨家技術所推行的多重跳接式（Multi-hop）網路，這種網路的端末機不僅與基地台連線，還可透過端末機之間的連線來提升單座基地台的覆蓋率；「ELTRES」則是由索尼獨家開發而成，即便在時速超過一百公里的高速移動環境中也可連線。

## 從蜂巢式LPWA升級5G

看完一連串的說明，我們言歸正傳——智慧型電表用不用5G有差嗎？這個主張換句話說就是：「現在有這麼多LPWA可以選擇，公共能源產業有必要採用5G蜂巢式LPWA嗎？」

現在的LPWA五花八門，各有特色，再加上市場廣大，今後競爭肯定會愈演愈烈，NB－IoT的價格應該會再度調降，又或是增添服務內容。因此，蜂巢式LPWA隨著5G升級後，將成為非常優質的選擇。

以上是「為什麼不用固定通訊系統就好？」、「用不用5G有差嗎？」這兩個論點的詳細說明。

軟銀預計於二〇一九年春天，推出液化石油氣（Liquefied Petroleum Gas）的遠距查表通訊平台。

事實上，日本的液化石油氣，從很久以前就開始使用電話線進行遠距查表。網路普及後，大家都很期待遠距查表會不會升級成無線通訊，但礙於成本問題，一直沒有升級。現在有了蜂巢式LPWA，大家又再度燃起了希望。

該平台支援空中韌體更新，通訊方式採LTE－M－6而非NB－IoT。

因具多重跳接功能，即便瓦斯表位於高樓層，也可透過跟設在訊號佳處的瓦斯表連線，來傳輸數據。而且這種網路耗電量低，十年都無須檢測維修，可將遠距查表的成本壓到最低。

如今，許多蜂巢式LPWA已搶先普及。相信等5G開通後，這些網路就能直接升級為5G。

# 3 製造業的革新——工廠與生產線的轉變

製造業與5G會擦出什麼樣的火花呢？舉凡像是預測檢測工業機器的故障情形、機器人的中央控制與協調工作、追蹤製造或配送流程，查詢貨源或通路……等，都是典型的例子。

製造業對通訊的要求較高，預測、檢測靠目前的LPWA蒐集到的數據即可做到，但要將分析結果運用在機器人的控制上，光靠LPWA是難以執行的。

還記得，我們在第一章用「工業4.0」解釋的「數位轉型」嗎？事實上，製造業正是5G數位轉型的重點領域。

接下來，我要帶各位，從博世公司在二〇一八年世界行動通訊大會上的發表內容，來看看５Ｇ之於製造業的可能性。

## 博世公司提出的「六種５Ｇ切片運用」

在二〇一八年二至三月舉辦的行動通訊大會上，博世公司的穆勒（Andreas Mueller）以「網路切片於工業４．０的期待與機會」為題，向大家講述了工業４．０與５Ｇ為製造業所帶來的革新。

這個題目其實就是穆勒的結論——５Ｇ引發的最大革新，到底是什麼？與其說是網路速度變快、網路低延遲，倒不如說是「網路切片」技術為工廠導入的多樣通訊。

網路切片能如何運用在工廠裡呢？工廠裡其實到處都是端末機，像是自動化技術（Factory Automation，簡稱ＦＡ）下的生產線機器手臂、支援工廠技術人員搬運和裝機業務的人機介面（Human Machine Interface，簡稱ＨＭＩ，一般是業務用平板或頭戴式顯示器）、物流裝置（工廠內的搬運機器、棧板上的追蹤通訊晶片）……等，都需要網路連線。

這些端末機連線的目的五花八門，需要的通訊條件也不盡相同，博世公司希望能夠透過網路切片技術，為這些機器打造最佳的通訊環境。

為此，博世公司舉出了以下六個切片的例子——

① Highly demanding QoS requirements：（「QoS」為「Quality of Service」的縮寫，這裡是指「通訊服務品質」。）當技術人員使用端末對工廠內的裝置發出指令時，能保有高通訊服務品質。

② Many different use cases with very diverse requirements：為工廠裡的各種裝置提供最佳通訊環境。

③ Well-isolated integration of third parties in own infrastructure：若自家工廠裡有別家公司的裝置或機器，在安全面上可分開通訊，又能在功能上統合。

④ Shift of intelligence to the network：對網路低延遲較高的機器可採用邊緣運算。

⑤ Remote access / control with well-defined QoS & securety：即便通過網際網絡，也能夠確保高通訊服務品質和連線安全。

**⑥ Application-Specific network functions：能配合各種運用特性，像是通訊對象是動態還是靜態、移動速度有多快……等。**

如上所示，網路切片技術能為每個端末機打造最佳的通訊環境，進而迎向工業4.0，推動製造業的數位轉型。

## 世界各國的測試與實驗

二〇一九年二月，Denso公司於九州工廠進行了5G實測。該活動是由國際電信基礎技術研究所（Advanced Telecommunications Research Institute International，簡稱ATR）、Denso、KDDI、九州工業大學攜手合作，測試用5G來控制生產線的產業機器人和感應式的三次元測定機。

一般而言，當生產線設定有變時，產業機器人等機器也必須更換配置。這時，若網路使用的是固定通訊系統，就得重拉線路和重新啟動，這麼做不僅費工耗時，還會降低工廠的運轉率。該實測結果顯示，使用5G可有效解決控制方面的技術問題。

看到這裡，也許有人心想：「難道5G只是固定通訊系統的代替品嗎？」並非如此，5G獨有的高可靠度、低延遲等特性，在該實測的過程中，也大放異彩。

創立於德國的「庫卡公司（KUKA）」是工業4・0的代表企業，後來被中國的「美的集團（Midea Group）」納入旗下。該公司很早就開始推行工廠的高度自動化技術，他們在二〇一六年三月舉辦的「CeBIT資訊及通訊科技博覽會（歐洲最大規模的資訊科技和資訊工程博覽會）」上，與華為簽訂了了解備忘錄（Memorandum of understanding，簡稱MOU），正積極進行各種5G實測。

早在二〇一七年的世界行動通訊大會上，庫卡就讓兩台工廠機器手臂拿著鼓棒配合音樂打鼓。在音樂的播放下，若機器手臂因網路延遲而落拍將非常明顯，所以常有廠商用這種「演奏型」的展示方式來強調「高可靠度」和「低延遲」等特性。

該場演奏展現出高達九九・九九九%的可靠度、僅延遲一毫秒（ms）的亮眼成績。既然這些機器手臂能配合音樂打鼓，代表它們在進行生產線的協調作業時，表現也一樣可靠正確。

韓國方面，大型電信公司KT也於二〇一九年的世界經濟論壇的年度總會（達沃斯論壇）上，發表了5G於製造業的各種應用方法。此外，現代重工業（Hyundai Heavy Industries）和浦項鋼鐵（POSCO）也一同在工廠內進行了5G實測，運用5G進行遠距控制和自動化協調作業，測試結果顯示，5G讓整體生產力提升了四成，瑕疵率也減少了四成。

## 地方的曙光：自營5G網路

如前所述，目前社會對「5G+製造業」會擦出什麼火花，都充滿了期待，尤其是工廠裡的5G運用，更是備受矚目。但是，這當中其實存在著一個矛盾的問題。

在第一章中，我曾提到通訊業者正積極開設5G計畫，因通訊需求最大的，還是大都市的智慧型手機用戶，所以各家業者在鋪設5G環境時，都是以大都市為起點。

然而，製造業的工廠卻不一定位於大都市，應該說，大多數的工廠都位於較容易取得工業用地的地方區域，也就是人口較為稀少之處。在這樣的狀況下，地方工廠勢必要等上一段時間，才能盼到完善的5G通訊環境。

簡單來說，為因應智慧型手機的通訊需求，各大電信公司都是從人口較為密集的都會地區擴展基地台，但工廠都位於人口密度較低的區域，他們也很需要5G來進行遠距控制和自動化作業，這對5G推廣而言，無疑是一大困境。事實上，日本總務省也注意到了這個問題，所以正著手策劃「自營5G網路制度」。

所謂的「自營5G網路」，是指提供人民申請管道，讓他們取得在自有土地或建築物內使用5G頻率的執照。

相關業者只要取得執照，即可幫屋主或地主建構5G系統。也就是說，只要該制度通過，任何人都能在特定地點或建築物中提供5G服務。

頻率方面，一開始只提供28・2GHz到28・3GHz的一百兆赫毫米波，預計範圍將逐漸擴大。各大電信公司的5G網路將滿足都市的大量智慧型手機通訊需求，自營5G網路則可解決地方產業的通訊問題——這可是「傳輸距離短的高頻率」才能做到的特殊應用。

事實上，自營5G網路並非日本特有的制度，國外也紛紛推出5G自營網路的相關制度。日本總務省的5G商討作業小組就曾參考高通公司所提出的相關報告，該報告指出：美國可將5G電波「出借（Spectrum Leasing）」給電信公司以外的業者，讓他們打造自營5G網路。除了美國，德國也將特定頻寬分給工業物聯網使用。

日本預計於二〇一九年內發布自營5G網路的相關政令，之後由各地的綜合通訊基盤局來接受申請和發照。

也就是說，就制度上而言，在二〇二〇年商用5G正式開通前，商家就可用自營5G網路來提供商用服務了。

## 將5G帶出工廠的「小松製作所」

諾基亞執行長——拉吉夫（Rajeev Suri），於二〇一九年的世界行動通訊大會上談及自營5G網路的可行性。他樂觀地預測，今後十年將出現大量的自營5G網路案例，並表示德國的BMW和日本的小松製作所（Komatsu）將成為自營5G網路的領頭羊。

BMW是工業4・0的先鋒企業，小松製作所的「5G應用舞台」不在工廠生

小松製作所運用 5G 進行推土機的遠距操作實驗（千葉）

照片來源：日本經濟新聞社

產線，而是挖礦現場，可說是製造業的數位轉型。

二〇一七年五月，小松製作所與NTT DOCOMO簽訂開發「工地礦坑機器遠距操控系統」的基本合約。早在一九九八年，小松製作所就引進了各種自動化機制，除了幫自家機器開發名為「KOMTRAX」的運作狀況管理系統，還引進了無人砂石車駕駛系統，並將工地數據可視化。

這些技術結合5G後，不但能提升即時性，並將數據進一步轉為操作指令。

二〇一八年一月，小松製作所公開展示了他們的工地礦坑機器遠距操作系統。該機器的駕駛艙中有五面螢幕和各式按鈕手把，可遠距操作位於工地或礦坑的機器。這些工地或礦坑的機器上裝有高畫質鏡頭，畫面透過串流技術傳送到駕駛艙的螢幕上，操作起來有如親臨現場。這樣遠距操作的方式，不但能解決工地和礦坑人手不足的問題，還能避免人員在現場作業期間受傷。

事實上，這種「遠距操作工地機器」是5G的典型應用用途。除了和NTT DOCOMO合作的小松製作所，日本建設公司大林組也和KDDI合作，大成建設也與軟銀攜手進行實測，打算在二〇二〇年商用5G開通後，在各處工地大顯身手。

## 未雨綢繆，有備無患：東芝的「預防功能」

東芝（Toshiba）於二〇一九年四月宣布，將與KDDI合作發展物聯網，其中也包括5G網路的運用。他們從工廠營運、公共設施運作過程中蒐集了大量現場數據，並使用這些數據來強化人工智慧系統，為每座工廠、每個設備打造最佳模式。東芝打算使用邊緣運算技術來提升數據處理效率，並降低網路延遲的問題。

以設備監控系統為例，東芝在電梯上裝置能夠偵測出「故障前兆」的感應器，顛覆了傳統兵來將擋、水來土掩的「應對型維修模式」，改為未雨綢繆、有備無患的「預防型維修」。

東芝不僅販賣電梯，還附帶售後的維修服務。他們打算用上述的預防功能打造「循環型商業模式」，讓產品銷售出去後，也能繼續提升收益。

# 4 公眾安全大躍進——與人工智慧結合，陸空雙重監視

## 東京馬拉松的新維安技術

看完公共能源產業和製造業，我們來看看5G對「公眾安全」，也就是維安或防盜方式的影響。

機場安檢會要求登機旅客通過金屬探測門，又或是直接使用金屬探測棒檢查全身。基本上，日本國內很少使用這類「滴水不漏」的檢查方法，公共場所或商業設施大多都是使用監視系統監控。如何將監視器與5G結合，將成為公共安全產業數位轉型的重要關鍵。

西科姆（SECOM）保全公司，就是一個很好的例子。西科姆自二〇一五年開始負責東京馬拉松的維安工作。大會上的跑者密度非常高，且警備範圍相當廣大，地點又在一般大馬路上，在這樣的環境下，要做好維安，實在不是一件簡單的工作。東京馬拉松知名度高，西科姆當然不能輕易放過這個自我宣傳的大好機會；因此，他們積極在東京馬拉松上採用各種新型維安技術。

二〇一五年，也就是西科姆負責東京馬拉松維安工作的第一年，他們在會場各處裝置臨時監視器來進行遠距監視。

二〇一六年，西科姆為增加監視器數量，讓維安人員戴上「穿戴式監視器」。為了確保這些監視器的電力來源，他們加強了電源管理，並使用「西科姆飛船」來進行空中監視，啟動偵測系統，探測是否有大會禁止的「無人機（Drone）」在上空飛行。此外，西科姆還使用了新型認證系統，透過生物特徵識別技術和選手號碼卡（號碼布）來辨識跑者身分。

二〇一七年，西科姆又增加了監視器的數量，他們在會場服務處設置了「布告攝影機」，並在棄權跑者專用的巴士中裝設鏡頭，並使用中高度的「西科姆氣球」來進行空中監視。西科姆在這一年廢除了號碼卡，改用附有安全碼的護腕進行認證，必須要有專屬工具才能讀取，將維安又提升了一個層次，並設立統一監控中心，將所有的監視畫面集中管理。

二〇一八年，西科姆設立了行動監視中心，運用汽車等行動設施讓大會總部進行監控。最重要的是，他們在這年使用了人工智慧系統，偵測擁擠區域和是否有人擅自闖入跑道。

二〇一九年，他們用人工智慧解析維安人員穿戴式監視器所拍攝到的影像，偵測會場內是否有可疑物品，並透過固定式攝影機的拍攝畫面辨識選手布上的號碼。

西科姆除了增設監視器，還使用人工智慧分析這些畫面，偵測可疑人物和危險物品。5G開通後，他們就能引進更高畫質的攝影鏡頭，提升人工智慧的解析品質，整體維安工作也將更上一層樓。

## 無人機應用：「立體保全」

2016 年東京馬拉松的西科姆無人飛船

照片來源：YUTAKA ╱ AFLO SPORT

二〇一七年二月，西科姆宣布他們將與KDDI合作，進行維安系統的5G實測，其中又以「無人機維安」最受人矚目。若能在無人機上裝置高畫質鏡頭，就能從高處拍攝到高畫質畫面。

西科姆將這種利用無人機、飛船、氣球、直升機、飛機、人工衛星等，從高處擷取空間資訊的維安設備稱作「立體保全」。有了這類「空中端末機」，就無須在地面裝置監視器，讓維安工作更具調整幅度。為配合高性能鏡頭與自動化操作，立體保全對通訊的要求也愈來愈嚴格，這時，就是5G大展長才的時候了！

二〇一八年十二月，埼玉二〇〇二體育場（埼玉スタジアム2002）啟動無人機自動巡邏，用4G網路及時回傳畫面，供人工智慧系統偵測是否有可疑人物。

在啟動無人機之前，管理系統會透過三維地圖、當天的天候風況、空中電波狀況等資訊，遠距判斷無人機是否能出動巡邏。

啟動後，無人機會沿著巡邏路線飛行，並將拍攝到的畫面回傳。雖然拍到的人影非常小，人工智慧仍能從其行為舉止判別是否為可疑人物。一旦發現可疑人物，系統就會立刻將所在資訊傳給管制系統，並自動追蹤該人物的位置——這些動作全都在4G網路下自動進行。這麼一來，管制人員就不用為其他工作分神，只需思考是否要派出保全到場處理。

事實上，西科姆從很久以前就著手開發維安用無人機，用來協助店家的保全工作。因為無人機必須透過無線區域網路傳輸數據，要在相應的網路環境才能使用。體育場占地寬廣，要建構無線網路較為困難，目前是用4G解決網路傳輸的問題。

升級5G後，無人機就能即時傳送更精細的高畫質畫面，並規劃更複雜、更廣域的巡邏路線。因5G具有低延遲的特性，即便出動多台無人機，也可即時進行各種操作，不用擔心「撞機」的問題。高畫質畫面能提升系統的識別準確度，增進無人機的工作效率。即便是遠方的「小小人」，也能辨識出他是否在進行可疑行為。

要做到上述程度，除了要有優質的5G通訊環境，還必須充實無人機的硬體設備，搭配高畫質鏡頭、各種感應器、製作空中動態地圖的機器……等。此外，無人機還要有足夠的空間和耐重度，「裡應外合」之下，才能夠用來進行維安和保全工作。

## 樂天 Mobile 與自動化銷售

還記得，前面提到的樂天 Mobile 嗎？該公司於二〇一九年正式進軍電信界，目前正摩拳擦掌，為二〇二〇年即將推出的5G服務，做足準備。

二〇一八年十一月，樂天 Mobile 在樂天宮城球場（楽天生命パーク宮城）建構5G環境，用5G將無人機拍攝到的畫面傳至管理中心，確認影像中人物的行為。

這場實測還包括，讓機器人將觀眾購買的商品送到指定座位。

這是怎麼做到的呢？這其實是一連串的自動化銷售，首先，由無人機對購買商品的觀眾進行認證，偵測到座位後，再由機器人將商品送到觀眾手上。

雖然，樂天Mobile的主要測試目的為銷售商品，但這種無人機認證技術，同樣可用在保全和維安工作上。

## 綜合保全公司的「活監視器」

除了空中維安，地上保全系統也出現高度進步。舉個例子，綜合保全公司（Sohgo Security Service，通稱ALSOK）就與NTT DOCOMO、恩益禧等公司合作，將5G與保全服務結合。在二〇一七年五月舉辦的「5G東京灣高峰會（5G Tokyo Bay Summit 2017）」上，該公司用5G將4K鏡頭拍攝到的群眾畫面，回傳至監視中心，對大量的與會人員進行常識性的臉部認證和群眾行動解析。

當系統偵測到不尋常事件，又或是發現有「黑名單」上的人進入會場，就會立即發訊至維安人員的智慧型手機，讓他們在第一時間趕到現場。

接下來，綜合保全公司於二〇一九年一月，又進行了一場5G實測。他們在車上裝置四個鏡頭，將拍攝到的畫面合而為一，透過5G網路即時監控車子周邊的狀況。實測結果顯示，該系統可判別出，離車輛三十五公尺遠的車種，甚至是路人的服裝與姿勢。

這麼一來，只要開著保全車輛巡邏，系統就能偵測到，路上的危險車輛、可疑人物、迷路的小孩、身體不適者，讓保全人員儘速處理。

除了巡邏車，綜合保全公司從很久以前，就著手開發全自動保全機器人。設有感應器、攝影鏡頭、紅外線鏡頭的機器人，儼然就是一個「活監視器」。

最新型的保全機器人——「REBORG－Z」具有高度防水、防塵功能，可在戶外自動巡邏監視。有了5G後，在戶外，也能穩定回傳數據和畫面，保全效果著實令人期待。

## 任何可疑行為，都逃不過「慧眼」

各位發現了嗎？無論是西科姆還是綜合保全公司，都是用高畫質鏡頭將拍攝到的影像回傳給人工智慧進行解析。可見大型保全公司在這方面都是「雙管齊下」——積極結合「高畫質鏡頭」和「人工智慧技術」。

事實上，不只大型公司，許多人工智慧相關的新創企業也注意到，公共安全產業的發展性，紛紛推出監視系統。像是Earth Eyes公司的「AI Guardman」、VAAK的「VAAK EYE」，都是能夠偵測出黑名單人士和可疑行動的人工智慧。

這些系統都是透過演算法學習，從特定空間內拍攝到的大量影像數據中，歸納出可疑的行為模式。這麼一來，系統就能從姿勢、動作、走路方式等行為舉止，辨識出可疑舉動，並進行「可疑評分」，預測哪個人「不懷好意」。

有這樣的「先知」相助，用戶就能在第一時間進行處理，在危機尚未發生前，防範於未然，又或是提前避免衝突。其中，VAAK EYE的分析要素超過一百種，甚至能從步伐幅度、關節動態等小地方，偵測出可疑或危險行為。

VAAK於二〇一八年十二月，在一般商家舉行了VAAK EYE實測。在該場測試中，系統辨識出「有人在店裡順手牽羊」，店家將畫面提供給警方後，成功將竊賊逮捕到案。也就是說，系統不只能偵測出放下包包、蹲下、左顧右盼等可疑行為，還能判斷出「順手牽羊」這個複雜的動作。我們肉眼無法注意到的小細節，都逃不過人工智慧的「慧眼」。

目前，許多商家都運用這些系統來「抓賊」。隨著拍攝到的影像愈來愈多，系統就能歸納出更多種可疑的行為模式，對可疑的動作進行評分、預測犯罪行為，幫助店家提前祭出對策。

## 都市整體安全管理

最後，我要帶大家看NTT集團在美國賭城進行的「綜合型公共安全運用案例」。NTT與拉斯維加斯市合作，統合前述的鏡頭、感應器、人工智慧等裝置和技術，對整體都市進行公共安全管理，在人口密度較高的鬧區或活動會場做到「預測回報（Proactive Report）」和「即時回報（Reactive Report）」。

所謂的「預測回報」是指，NTT在拉斯維加斯各處加裝感應器，將蒐集到的資訊回傳至自家公司的人工智慧技術平台「corevo」進行解析，預測是否會出現「人潮擁擠」、「汽車逆向行駛」、「擦槍走火」……等狀況，並將結果回報給市公所。

至於「即時回報」，是讓感應器將特定區域的監視資料回傳至當地的「微數據中心」，透過邊緣運算偵測出事件或意外事故，及時向市公所回報。

這兩個機制可支援市公所進行公共安全管理，對各種狀況做出「預防」與「處理」。

NTT集團打算與地方公共團體合作，預計在二〇二三年前，將這套機制引進國外一百個都市，打造十億美金的市場規模。

# 5 大眾交通產業的革新：從交通工具到「交通行動服務」

## 在高速移動的列車車廂中，也能使用 5G？

接下來，我們來看看大眾交通產業的革新。

若能在電車或公車高速移動的過程中使用 5G 網路，就能在行駛期間處理車廂偵測到的大量數據，加強基本通訊環境，提升電車的行駛管理。

二〇一七年十月，KDDI 和 JR 東日本鐵道合作，進行了全球首次的列車 5G 測試，成功完成毫米波的越區切換。

除了 KDDI，NTT DOCOMO 也跟 JR 西日本鐵道合作，測試能否在鐵路上提供5G服務，並於二〇一九年四月，發表了實測結果。NTT DOCOMO在JR京都線區域內，設置了四座基地台，每座基地台的間隔為兩百公尺，並於特快車的回送列車中，設置移動式5G基地台。測試結果證明，在時速超過一百二十公里的移動列車中，一樣能進行5G通訊。

鐵路的訊號傳訊環境較為特別，但即便在這種特殊的網路環境，5G還是能夠即時傳送高速攝影機所拍攝到的高影格率影像（每個時間單位影格數較多的影像）。

目前，有哪些備受矚目的相關技術呢？

有了5G後，我們可以透過即時分析交通資訊，為智慧城市打造最佳公共交通環境。公共安全方面，可用高畫質畫面即時監控高速公路，又或是運用擴增實境技術來支援安全駕駛。

前面已介紹過，5G於智慧城市、公共安全、安全駕駛等領域的應用方式，接下來，我要跟大家談談，目前當紅的「公共運輸行動服務（Mobility as a service，簡稱MaaS）」，看看該服務要如何與5G結合。

## 當紅炸子雞：「公共運輸行動服務」

「公共運輸行動服務」的重點不在於汽車、公車、電車等「交通工具」，而是「移動目的」。是一種以「目的」為出發點，將各種交通方式組合起來的「行動服務」。

這幾年，交通工具趨向多元化，共享汽車和共享自行車等新服務，如雨後春筍般冒出。在這樣的情況下，民眾的選擇也愈來愈多，想開車的人就開車，喜歡搭電車就搭電車，無法開車的老人家也可選擇其他交通工具。

如今，用路人的需求也相當多元，比方說，商業人士希望能盡快到達目的地，觀光客則不介意繞路觀賞風景。

公共運輸行動服務的功能，就是為用路人配對最適合、最恰當的交通工具。交通服務要夠多樣，才能滿足用路人的各種需求。而除了交通工具，「駕駛」也是不可或缺的一環。「自動駕駛」不但可解決公車或貨車司機人力不足的問題，還可減少老人家的駕車意外，是近年來備受矚目的新興技術。

接下來，我要跟大家談談，第二章提到的「自動駕駛分級」。

## 自動駕駛的六個等級

美國汽車工程師協會（Society of Automotive Engineers，簡稱SAE），將自動駕駛分成零到六個等級。因正式名稱較為艱澀難懂，在此，我先用簡單的方式解釋給大家聽。

**「等級零」是完全交由人類駕駛**，不具有任何自動駕駛或駕駛支援功能。

「等級一」是由系統用油門、煞車來進行加減速，又或是操縱方向盤轉換方向，只要具備其中一種功能就屬於等級一。目前市售汽車大多都附有自動煞車或倒車輔助功能。

「等級二」是油門、煞車、方向盤等操縱皆由系統負責。但要注意的是，這個等級基本上還是由人類駕駛，只有在高速公路塞車或特地場所才交由系統駕駛。目前各大車廠的自動駕駛競爭，就是以等級二為主戰場。

到了「等級三」，人類開始「退居幕後」，所有駕駛功能都由系統執行，只有在功能該啟動卻沒有啟動時，人類才會出手介入。

「等級四」是指，在某些區域無須人類介入的系統，在這些區域甚至不需要司機。

「等級五」是指「完全自動駕駛」，也就是在所有地方都可以完全交給系統駕駛。等級四與等級五差在「是否有區域上的限制」。如第二章所述，要做到等級五的「完全自動駕駛」最快也要等到二〇三〇年之後，但等級四在二〇二〇年即可實施。因大眾交通工具或商用車輛，本來就是在特定區域行駛，所以等級四的自動駕駛會先在這兩個領域推廣，之後才擴展至家用車。

## 以「移動服務公司」為目標的豐田汽車

事實上，公共運輸行動服務早已在日本國內上路，西日本鐵道（西鐵）和豐田汽車，二〇一八年十一月在福岡市推出的「my route」就是一個例子。

my route 的 App 提供「多元化路線搜尋」服務，該系統結合了公車、鐵路、地下鐵、計程車、出租車、共享自行車和自用車等各種交通工具，為用戶規劃出最佳路線。用戶還可在 App 上搜尋店家、活動等目的地相關資訊。

付款方面，用戶搭乘多種交通工具時無須一一支付款項，my route 會直接整合從綁定的信用卡統一扣款。

my route 除了可供查詢路線，還可查詢西鐵公車的目前位置。他們跟各種系統合作，為用戶提供各種查詢服務，像是停車場預約系統「akippa」（查詢剩餘停車位）、共享自行服務「merchari」（查詢目前剩餘台數）、計程車叫車系統「JapanTaxi」（查詢計程車）……等。目的地相關資訊方面，除了和「說走就走（いこーよ）」、「asoview!」、「NEARLY」、「Nasse 福岡」等網站或 App 合作外，也可查到福岡市官方城市導航「優質 Navi」所提供的資訊。

不僅如此，用戶還可在 App 上選擇西鐵公車的「隨你搭方案」。這樣的方式，不只能提升移動效率，還能讓民眾開心享受搭乘交通工具的樂趣，增加民眾的外出意願。「隨你搭方案」的試營運，原本預計在二〇一九年三月結束，後來因為大受好評，而延到八月底。

豐田汽車在 my route 企劃中，居於領導地位。自芬蘭推出全球第一個公共運輸行動服務——「Whim」後，全球各地紛紛跟進，結合大眾和共享交通工具，為用戶提供最佳的路線建議。my route 除了這些基本功能，還增加了停車場剩餘車位等資訊，希望能透過這樣的方式，鼓勵民眾開自家車出門。

公共運輸行動服務，能為民眾規劃最佳的移動方式，即使沒有買車，也不會有「行動不便」的問題。這也是豐田汽車的厲害之處，他們不但沒有讓公共運輸行動服務成為自己的絆腳石，還反過來利用公共運輸行動服務，用統合的方式來開拓市場。

豐田汽車的豐田章男總經理，在二〇一八年三月期的財務報告會上宣布：「我打算將豐田從『汽車製造公司』轉型為『移動服務公司』，為世人提供所有跟『移動』有關的服務。」

簡單來說，豐田汽車透過 my route 進行商業轉型，從原本的「銷售商品」改為「銷售服務」，這樣的過程實在相當有趣。

## 汽車變身「移動空間」

就目前的情況來看，公共運輸行動服務，今後應該會繼續擴張，公共交通產業的重點也將從原本的「交通工具」，轉至「路線」和「最佳移動方式」。

公共運輸行動服務，必須分析大量的交通資訊和用路人的交通需求，過程中需配合感應、解析等技術，才能為用路人配對最適合的交通工具。此外，還需要發展自動駕駛技術，來解決大眾交通工具司機不足的問題——這就是5G大顯身手的領域了。

還記得前面提到的，軟銀和豐田汽車合開的「Monet科技公司」嗎？該公司的主要事業有三：

**①隨選移動服務**

**②資料解析服務**

**③自駕車公共運輸行動服務**（Autonomous Mobility as a Service，簡稱Autono-MaaS）

「Autono-MaaS」是豐田汽車的自創詞彙，「Autono」是指「Autonomous Vehicle」，也就是自動駕駛車，「Autono-MaaS」就是「自動駕駛車公共運輸行動服務」。

二〇一九年二月，Monet在豐田市推出「隨選公車」，根據乘客的預約內容來規劃最佳行駛路線的。5G開通後，不但可提升最佳路線的準確度，「隨選公車」也將

Monet 預計於 2013 年啟動的未來電動車「e-palette」

照片來源：路透社／AFLO

升級成「自動駕駛公車」。

Monet在二〇一九年三月的戰略報告中宣布，今後將舉辦舉行「Monet高峰會」，並預計於二〇三〇年，啟動未來電動車「e-palette」。

「e-palette」是豐田汽車於二〇一八年一月的消費電子展上發布的交通行動服務概念車。這台商業車為自動駕駛，可根據使用目的，將內部裝設成商店或辦公室。與其說「e-palette」是「汽車」，倒不如說是一個「移動空間」。

此外，Monet還在二〇一九

年三月底與八十八間公司組成了「Monet 聯盟」，其中包括零售店、餐飲、金融、醫療等各種商業領域，可以想見，「e-palette」上提供的服務也會非常多元。

5G 是自動駕駛不可或缺的要素。「e-palette」使汽車超越「交通工具」的概念，升級成移動的生活商業空間，在這樣的情況下，所有前面提到的技術與功能，都必須在「車內」進行，這需要高度的通訊環境，沒有 5G，是絕對無法做到的。

## 協力共進

Monet 高峰會上，也介紹了「V2X」的 5G 實測結果。「V2X」的「V」是指汽車（Vehicle），也就是汽車與其他汽車、道路、行人連線之意。

軟銀運用 5G，成功讓汽車在無人駕駛的情況下「列隊行駛」。他們在車上裝置 5G 設備，讓汽車透過基地台彼此連線。最前頭的汽車需由人類駕駛，後續的車輛不需要司機，就能在保持安全車距的狀況下，跟隨前車。

如前所述，汽車要等到二〇二三年後才能做到完全自動駕駛。但有了「列隊行駛」

的技術後，就能階段性地運用在巴士、貨車等大眾交通工具或商用車上。

推行自動駕駛有一個前提，那就是所有汽車都得彼此連線。換句話說，光靠豐田汽車一家公司的力量，是無法打造自動駕駛社會的。

二〇一九年三月，Monet和日野汽車（Hino Motors）、本田（Honda），簽訂了資本業務合作契約，接受這兩家汽車公司的金援，協力發展公共運輸行動服務。

# 6 通訊業界也革新——「B2B2X」將成為關鍵

## 5G時代的「服務供應商爭奪戰」

看到這裡，相信各位明白5G對各行各業所帶來的衝擊。而各行各業經過革新後，也會反過來對通訊業者造成影響。

在這之前，電信公司都是採取「B2X」的商業模式，也就是「B2C（Business to Consumer，企業對消費者）」，又或是B2B（Business to Business，企業對企業），為消費者或企業提供通訊服務，以收取通訊費用。

有了電信公司所提供的5G網路，電力公司查表將走向全面自動化，製造業工廠內的產業機器人可進行自動協調，保全公司可運用人工智慧偵測可疑人物，汽車公司也能推動公共運輸行動服務。

在大環境的驅使下，通訊業者也將商業模式調整為「B2B2X」，來支援各行各業的數位轉型。

如圖五所示，在「B2B2X」的模式下，通訊業者先為5G增添附加價值，提供給其他產業的「服務供應商」，再由服務供應商轉化為新功能，提供給終端客戶。通訊業者擁有為數眾多的「終端用戶」，能為用戶配對服務供應商，又或是向服務供應商提供用戶的相關資訊，並給予詳盡的意見。

以公共運輸行動服務中的服務供應商為例，通訊業者除了可為公共運輸行動服務商提供5G網路來支援自動駕駛，還可為他們分析終端客戶的屬性、現在位置、喜好等多方資訊，列出交通運輸的顯在和潛在需求。公共運輸行動服務商則可運用這些資訊，為用戶打造最佳使用環境。

「B2B2X」是5G時代的基礎商業模式。正如第一章所述，5G讓通訊業者積極與其他行業結盟，進入5G時代後，必定避免不了一場腥風血雨的「服務供應商爭奪戰」。

## 高速大流量的低運用限制網路

在「B2B2X」商業模式中，通訊業者主要是對服務供應商提供「高速」、「大容量」、「低運用限制」的網路，以及幫助對方深入了解終端客戶的需求。

服務供應商如何受惠於「高速大容量且柔軟性高的網路」呢？在思考這個問題之前，我們先來談談「雲端運算」。現在許多服務皆受惠於雲端運算，雲端運算可將大規模運算資源虛擬化，不受限於物理硬體，邏輯性地整合管理，使用上的限制自然也沒那麼多。

雲端運算可支援「用多少付多少」的商業模式，一開始出現雲端運算時，大家都很期待，可使用這種方式來削減運算資源的保存成本。不僅如此，雲端運算還改變了商業的開發方式，變成只使用必要資源，再配合商業成長來擴大資源規模。

5G具有高速率大流量的特性，再加上應用限制較少，可依循將運算資源雲端化

**圖5　B2B2X模型**

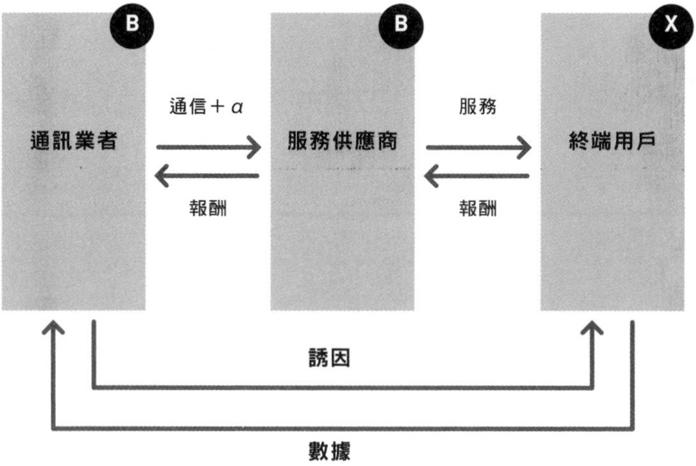


的方式，只使用必要的網路資源。

還記得我們在解說蜂巢式LPWA時，提到軟銀對NB－IoT的費用設定嗎？進入5G時代後，無論是有限制條件的低價通訊，還是高品質高價位的通訊方式，各種通訊都能夠透過網路切片技術，在同一環境內共存。不但能夠因應各種目的進行不同運用，還能夠打造最佳成本，加速商業開發。

前面的案例，都是以「實驗」、「實測」的方式進行5G應用，透過各種測試應用發現問題，解決後再透過測試來發現新的問題，按部就班推行商用化。

這樣的方式稱作「概念驗證（Proof of Concept，簡稱 PoC）」，不是一開始就投入大筆資金，而是從小投資做起，反覆找出課題、解決困難，一步一步培育成大事業。

第一章曾提到，要進行 5G 社會數位轉型，就必須發掘潛在需求、開發 5G 的各種用途。然而，光透過市場調查來「挖出」潛在需求是有難度的，有了新服務、新技術，不實際試試看，又怎麼能聽到使用者最真實的聲音呢？

要滿足客戶的潛在需求，一開始就投入大筆資金的作法實在太不實際了，「概念驗證」才是最有效的作法。簡單來說，就是「從小做起」，透過一個又一個的實測與實驗，按部就班解決問題。

5G 與雲端運算結合後，肯定能加快商業開發的速度。

## 深入了解終端用戶

在本章的最後，我們來談談，通訊業者要如何幫助服務供應商，了解終端用戶的屬性與需求。

通訊業者擁有大量的終端用戶，手上握有用戶的性別、年齡、職業、住處、生活圈、購物習慣、網路使用習慣等豐富資訊，對用戶可說是「瞭若指掌」。

問題來了，通訊業者手上握有這麼多個人資訊，能提供給服務供應商到什麼程度呢？這除了要考量各家公司的統計處理狀況，也要看終端用戶同不同意。無論如何，通訊業者比服務供應商更了解終端用戶，這一點是無庸置疑的。這些資訊對服務客戶、招攬客戶都有很大的幫助。

5G促使通訊業者從「B2X」轉為「B2B2X」的商業模式。通訊業者為服務供應商提供高速率、大流量、低應用限制的5G網路，讓服務供應商開發新商業。就這一點而言，5G就有如「商業母雞」一般，孵化出一個又一個新事業。

有了這樣的行銷平台，服務供應商才能對終端用戶有更深一層的了解。

進入5G時代後，通訊業將如何超越「通訊」的事業定位，促進其他產業的數位轉型呢？請大家拭目以待。

CHAPTER 04

# 5G的風險

## 5Gがもたらすリスク

# 1 不期不待沒有傷害？

## 「開通」＝百分之百覆蓋率嗎？

日本預計於二〇一九年推出5G試營運，並於二〇二〇年春季開通5G。值得注意的是，剛開通時，並非所有區域都能使用5G服務。

根據電信公司向日本總務省提交的5G擴展計畫，他們預計於二〇二〇年在日本全國推出5G服務，但人口覆蓋率以及區域覆蓋率是用逐步增加的方式進行。因此，日本國民還得等上一段時間，才能隨時隨地使用5G。

就技術層面而言，在5G訊號範圍內用毫米波建構區域網路，其實是一大挑戰。

就連在美韓這種搶先啟用 5G 的國家，也有很多用戶出現收訊不佳、通訊速度不如預期等問題。

## 期望愈高，失望愈深

正如第一章提到的，重點不在於 5G 有多快，而是用戶是否能感受到 5G 的好。如果你只是要用手機螢幕看影片，其實 4G 網路的傳輸速度就夠用了。換句話說，如果手機螢幕沒有愈做愈大、廠商不出摺疊式智慧型手機、XR 不見普及之勢，之後也不會再推出需要更高通訊等級的新功能……那現在升級 5G，差別只有螢幕上的收訊圖示從「4G」變成「5G」而已。

美韓等國的案例顯示，剛啟用 5G 手機網路時，電信公司都會推出 5G 超大流量、5G 吃到飽、5G 綁定等各種新方案。這些方案「看似」能讓用戶感受到 4G 和 5G 上的差別，但事實上，用戶只是被名稱搞得一時眼花撩亂，而非受到 5G 新技術的震撼。

照理來說，5G開通後，產業界應該會特別「有感」。因為產業通訊非常講究「高可靠度」和「低延遲」這兩個條件，也需要大規模裝置連結的技術支援，這些都屬於5G的特性。但要注意的是，5G剛開始是採用「非獨立組網（NSA）」的方式，要等轉為「獨立組網（SA）」後，才能使用在高度技術上。

期望愈高，失望愈深。如果5G的期待與成果不成正比，大眾的期望便會化為失望，進而澆熄廠商開發新端末、新服務的熱情。這麼一來，我們就無法享受5G帶來的便捷與好處了。

看完前面介紹的各種5G革新，相信各位對5G時代一定充滿了期待。但這裡還是要提醒大家，這些功能服務「並非」一開通就一定能享受到，生活、商業上的變化都是有階段性的，不過度期待，才不會受到傷害。

# 2 個資隱私問題

## 系統的隱私保護措施

第二章已介紹過，認證功能與個人化的革新，認證系統跟5G結合後，不但能夠隨時隨地都能進行身分認證，還可追蹤我們的行為。但各位有沒有想過，認證功能方便是方便，卻潛藏著洩露隱私的風險。

4G是以「下行傳輸」為主，多由服務供應商將內容傳送至用戶的端末機。而5G無論在技術面還是應用面，都具有良好的上行傳輸條件，所以上下雙向都相當活絡。第三章在介紹公共安全產業時，曾提到今後攝影鏡頭將出現高度發展，功能也將愈來愈多元，就是因為這個原因。

在上下傳輸的過程中，業者一定會取得用戶的資料，要如何確保個人隱私不受侵犯也成了當務之急。

還記得「亞馬遜 Go」的案例嗎？亞馬遜 Go 並非使用臉部認證，而是用多顆鏡頭來識別顧客的身分。他們之所以不在系統內儲存客人的長相，就是為了迴避個資風險。

第三章提到的 AI 鏡頭也有類似的顧慮。有些系統為了保護個人隱私，會將拍攝到的影像以邊緣運算的方式處理，並刪除能夠掌握個人身分的資訊，只將處理過後的統計資訊彙整至雲端。

## 個人資訊保護法修改要點

隱私是享有法律保障的基本權利。在這裡，我想先跟各位談談，個資保護規範的發展趨勢。

《個人資料保護法》於二〇〇五年正式上路，二〇一五年五月修法後，自二〇一七年五月開始實施《修訂版個人資料保護法》（以下簡稱《修訂法》）。《修訂法》具體定義了哪些內容為「個人資料」，明確訂出「個人資料」的界線。這麼一來，商家只要依照基準，去除掉可能涉及個資問題的部分，就能更靈活地運用手上的用戶資料。

取得個人資料時，必須事先向用戶表明用途，若要將個資提供給第三方，也必須經過本人同意。

這當中還是有特例的，這種特例稱為「選擇排除（Opt-out）」。商家無須得到用戶同意，即可將個資提供給第三方，但必須事先知會用戶，讓不願意的用戶提出申請，沒有表態者則可繼續使用。

使用「選擇排除法」的商家必須向「個資保護委員會」提出申報。另外要注意的是，有些資料是不可使用「選擇排除法」的。嚴格把關個人資訊，才能建立有隱私安全的社會。

## 《一般資料保護規範》對全球帶來的衝擊

如今，嚴格保護個資安全已成為全球趨勢，其中，又以歐盟（EU）特別重視隱私問題。歐盟保護個資已行之有年，他們先是在一九九五年通過了《資料保障指令（Data Protection Directive）》，之後又於二〇一八年五月開始實施該指令的升級版本——《一般資料保護規範（General Data Protection Regulation，簡稱GDPR）》，該規範也成為歐盟會員國的共同準則。

《一般資料保護規範》定義了「個人資料」，並明文規定出處理個資的準則、轉移個資的條件等，其中心思想為「本人才握有管理個資的權利」。

《一般資料保護規範》有一個特徵，那就是「原則上禁止將個資轉給第三國家」，違者需繳納鉅額罰款，嚴重者「必須支付兩千萬歐元，又或是前年度四％的全球銷售額」，而且是以「較高的金額」為準。嚴格執行，絕不輕饒。

俗話說「商業無國界」，生意人為了求發展、求進步，一般都會蒐集個資來推出進一步的功能與服務。即便如此，蒐集個資還是得遵守規範，不可超出本人的管理權限。

在某些設有個資保護政策的國家，是可以轉移個資的。相信今後，世界各國應該都會仿效歐盟，嚴格規定個資安全。

## 提供「個人資訊」有好處嗎？

接下來，我們來談談「個人資訊」。「個人資訊」中包含了個人資料，以及無法辨識身分、但跟個人有關的訊息。

全球對個資的規定日益嚴格，商界卻不斷使用個人數據打造商機。重點在於，規定只是「變嚴格」，卻不代表滴水不漏，能夠百分之百防止隱私受到侵害。

日本人是怎麼看待「隱私」的呢？二〇一〇年八月，獨立行政法人資料處理推廣機構（Information-technology Promotion Agency，簡稱IPA）公布了一份《eID的安全性、隱私風險認知與接納度調查報告》，該報告也調查了消費者對個資保護的認知，以及對網際網路的信任度。

該調查是以七點量表讓受訪者回答，針對「網路十分安全，就算在網路上透露個人詳細資訊也無所謂」這個問題，只有三%的人回答「完全同意」或「同意」；「日本有嚴格保護個資」這個問題，也只有了四%的人回答「完全同意」或「同意」。

針對「我的個人資料可能在我不知情的狀況下被濫用」這個問題，有六五%的人感到「非常擔心」或「相當擔心」。也就是說，截至二〇一〇年為止，人們並不信任網路個資安全，也相當擔憂自身的隱私。

時至今日，人們對網路個資安全的看法已然有變。《修訂法》實施後，個資保護規定變得愈來愈嚴格，因此，商家開始祭出「回饋」與「獎勵」，鼓勵消費者將個人資料提供給自己。

野村綜合研究所在二〇一七年底實施的「『資訊銀行』意識調查」問卷中，曾調查民眾喜歡商家對個人資訊提供什麼樣的報酬。調查結果發現，當商家提供金錢、點數這類直接型報酬，消費者會比較願意提供個人資訊。

內容方面，民眾較不願意提供的個人資訊有資產、在社群網站上的發文、位置資訊；較願意提供的則是購買記錄，又或是體重、走路步數等健康資訊。

如今這個時代，消費者已相當明白商家對個人資訊的需求。在這樣的大環境下，民眾必須在「個人資訊」與「報酬」之間衡量，做出最適宜的判斷。

## 「資訊銀行」登場

如前所述，歐盟《一般資料保護規範》是以「本人才握有管理個資的權利」為中心思想。日本人以前對個資安全懵懵懂懂、惶惶不安，如今已慢慢進步到，可根據資訊的種類、使用對象、報酬等因素來進行判斷。

「資訊銀行」就是這波趨勢下的產物。所謂「資訊銀行」，是從民眾那邊取得個人資訊後，以正當管道加以運用的機制。

我們常常在不知情的情況下流出個資，因而收到莫名其妙的新聞或廣告，有些商家還會運用這些資訊擅自推出「個人化服務」。有了資訊銀行後，就可以由資訊銀行這個「第三方」來管理民眾提供的個人資訊，在確保隱私的前提下進行維護，並加以運用。

國外的個人資訊公司是向企業提供匿名個人資訊，向企業取得報酬後，回饋給提供資訊的民眾。因這樣的機制跟銀行非常相像，民眾將錢存到銀行，銀行借錢給企業收取利息，再將部分利息回饋到存戶身上——這才有了「資訊銀行」這個稱呼。

日本目前已有不少公司加入資訊銀行的行列。二〇一八年十一月，電通集團旗下的「My Data Intelligence 公司」推出了名為「MEY」的資訊銀行服務。他們預計自二〇一九年四月起，徵召一萬名用戶，並於二〇一九年七月正式啟用。

用戶只要到MEY的「MEY benefit」中填寫性別、年齡等屬性資料，提供網路瀏覽記錄並填寫問卷，就可得到電子貨幣、禮券等報酬。而企業從MEY取得個人資訊後，再推出利於消費者的行銷方案。

有了5G後，能從端末機蒐集用戶資訊的功能服務，將愈來愈多。但我們可不能「予取予求」，給與不給，都由我們自己決定。

為了確保自己的隱私安全，我們一定要搞清楚哪些是重要個資，是要提供給誰，對方又有什麼用途。釐清狀況，才能做出適當的判斷。

## 3 日益擴大的評分機制

### 善用個人資訊，創造雙贏局面

如果，商家能取得大量個人資訊，不但能用來提升客戶的「個人化服務」，還能運用這些資訊，來提升自家業務的效率與精緻度。

什麼是「個人化服務」呢？以新聞網站為例，如果你經常在網路上搜尋足球資訊，又或是瀏覽相關網頁，上新聞網站時，網頁就會自動跳出足球比賽速報。對用戶而言，這是相當方便的功能；對網站而言，則能有效銷售足球賽的門票與周邊商品。

這些資訊能讓網站掌握「誰比較有可能購買足球賽門票」，進而鎖定潛在客群，提升網路廣告的效果。

這樣的系統稱為「評分機制」。簡單來說，就是對產品的潛在顧客進行評分，評估他們購買產品的可能性。評分機制不僅可用於商品，還能算出顧客在某家店消費的可能性、被某些廣告吸引的可能性……等。對商家來說，這些數據意味著潛在顧客的價值。

具體而言，是怎麼評分呢？以販賣足球商品的店家為例，足球迷為一百分，喜歡運動但對足球比較沒興趣的人為五十分，對運動零關心的人為零分。既然能推出個人化服務，當然也做得到「個人化評分」。

第三章介紹的「維安系統」就是一個例子——保全業者蒐集大量個人資訊，讓系統從動作來判斷一個人的行為有「多可疑」，進行「可疑度評分」。這麼做，不但能提升保全效率，還能讓流程更加順利。

## 收入不穩也能貸款成功？

事實上，評分機制並非什麼新興制度。金融界很早就採用「信用評分系統」（Credit

Scoring），將信用度數值化來加快審核速度。

以申辦信用卡或貸款為例，金融機關主要是依據申辦人的收入多寡、資產負債情形、至今是否按時還款、有無穩定收入……等，來計算信用分數。但要注意的是，會影響將來還款能力的要素其實很多，像是申辦人的健康狀態、遭遇事故的風險、家庭成員、有無轉職考量等，都必須考量在內。

因過程涉及大量的個人資訊，若要把所有要素一併納入計算，計分過程將變得非常複雜。但現在有了人工智慧，一切都變得簡單多了。

二〇一七年九月，瑞穗銀行（Mizuho）和軟銀合作，推出一套名為「J・Score」的融資服務。該服務運用人工智慧進行評分，滿分為一千分，評分基準除了年齡、職業、地址等一般資料，還包括個人的生活經驗、性格分析等要素，依分數決定額度和利息。

「J・Score」設有「加分制」，讓申辦者用「提供詳細個人資訊」的方式來提升分數。當然，如果你不願提供，只填寫年齡、職業等一般資料，一樣也能申請貸款。

提供的個人資訊愈詳細，分數就愈高。值得注意的是，即便申辦者的生活經驗、性格分析顯示他揮霍浪費、收入不穩定，還是能透過「加分制」來賺取積分。

這套機制可提升大多申辦者的信用分數。「加分制」看似不利於銀行，但其實，掌握愈多個人資訊，反而有助於銀行掌控風險。

以前貸款老是被銀行拒絕的人，現在只要上網填寫詳細個人資訊，就能成功為自己提高信用分數，順利申貸到款項。

## 保險業的評分機制

評分機制在保險業界早已普及。相信很多人都知道，「車險」就是使用係數等級來計算保費，依照安全駕駛程度來進行評分。若一年內沒有肇事，也沒有動用到理賠，隔年就可上升一個等級。

還記得，第二章介紹車聯網時提到的「UBI車險」嗎？日本第一份UBI車險，是由「夥伴損害保險公司（現已改為「愛和誼日生同和損害保險」）」於二〇〇四年四月所推出的「PAYD型保險」。「PAYD」為「Pay As You Drive（開多少付多少）」的縮寫，是一種「依行車距離決定保費」的保單，行車距離愈長，事故風險就愈高。

二〇一五年二月，索尼損害保險公司推出了「ＰＨＹＤ」車險保單。「ＰＨＹＤ」是「Pay How You Drive」的縮寫，簡單來說，就是「開得好，付得少」。保單成立後，保險公司會在保戶的車上裝置「駕駛紀數器」，計算駕駛暴衝、急剎、穩定前進、穩定停車的次數，依評分回饋現金給駕駛。

保險公司可透過通訊連線的方式，取得ＰＡＹＤ和ＰＨＹＤ保戶的駕駛資訊。之後風險計算和評分機制將變得更為準確精緻，ＵＢＩ型保單也隨之提升至新的層次。

這波評分風潮也吹到了人壽保險。住友人壽保險公司（住友生命）於二〇一八年七月推出的「健康增進型保單」——「健康活力險（Vitality）」，就是一種連動型的積分保險。

在這之前，壽險都是根據保戶的年齡、健康狀態來計算疾病風險和訂定保費，保戶再依據公司訂出來的金額繳納費用。但「健康活力險」不同，這份保險是以保戶每天進行的健康活動為評分根據，依分數每年調整保費。

加分行為包括參加線上問診、健康檢查、癌症篩檢、預防接種，又或是配戴穿戴式裝置運動、每天走路超過目標步數……等，這些分數將成為保險公司評鑑保戶健康狀態的基準。

## 螞蟻金服的「芝麻信用」

中國是評分機制的先驅國家。早在二〇一五年一月，阿里巴巴集團的金融機構——浙江螞蟻小微金融服務集團股份有限公司（Ant Financial Services Group，以下簡稱螞蟻金服）就推出了名為「芝麻信用」的評分機制。

芝麻信用的分數每月更新一次，分數介於三百五十到九百五十之間。審查項目包括用戶職業、居住地等基本資料，以及過去的信用記錄、有無金融資產、是否具備繳款能力……等。除了這些常見項目，芝麻信用還會參考用戶在阿里巴巴網站上的帳號活動記錄，甚至是社群網站上的友人評分。

芝麻信用不僅提高了螞蟻金服審核融資的效率，還與各行各業合作，推出許多便民服務。

舉例來說，如果你的芝麻信用分數超過六百分，租借數位機器、租車、使用共享汽車，甚至租屋租地都無須支付押金。

當信用分數超過更高的門檻，使用較昂貴的服務就無須準備高額押金，也更容易取得新加坡、盧森堡、加拿大的簽證。

當芝麻信用的運用範圍愈來愈大，這套評分制度將超越現有的核貸框架，成為用戶信用度的具體指標。

## 評分社會

J・score和連動型保單的特點在於，「分數每天都在起伏更動」。

這些機制不是用年齡、婚姻狀況、學歷、工作經歷等「靜態個人資訊」來評分，而是根據「動態個人資訊」，也就是日常動態來調整分數。

很多人對「提供個人資訊」都感到相當抗拒，但中國芝麻信用的用戶反而比較在意怎麼做，才能提升自己的分數。

日本是否會出現，像芝麻信用這種評分制度呢？有鑒於中日兩國社會環境不同，這個問題，目前仍是未知數。但無論如何，為提高行銷與風險管理的精準度，「運用個人資訊進行評分」已成為當今的市場趨勢。

有了網際網路後，能取得的個人資訊也日益增加。不但金融機關的評分機制更上一層樓，各行各業也開始為顧客「打分數」。

隨著5G和人工智慧的發展，日後勢必要迎來一場激烈的個人資訊爭奪戰。可以想見，未來各行各業將陸續引進評分機制，形成「評分社會」。

今後在審核房貸額度和利息時，不僅要審查收入和工作單位，可能還要檢視申辦人的健康狀態、有無轉職考量、工作意願（想工作到幾歲）、家庭成員……等，將所有個人資訊都納入評分標準中。

評分制度提升了整體社會的效率，但要注意的是，評分是單一運算法定義下所產生的結果，這讓我們不得不擔憂，若日常生活過度受到評分制度的影響，可能會導致所有人陷入單一行為、單一思考的窘境。

身處於「評分社會」，我們必須隨時注意自己的行為與態度，你所釋放出的所有個人資訊，都可能成為評分的基準。相對地，也請各位隨時提醒自己，評分結果不過是商家為了提升業務效率所計算出的「數字」，無須無限放大，也無須過度在意。

# 4 都市與地方間的「數位差距」將愈來愈大？

## 都市與地方的數位差距

日本總務省每年都會進行「通訊使用動向調查」，調查日本各地的上網用戶比例。手機上網人數比例方面，二〇一二年日本各地平均為三一・四％。最高是神奈川縣，有三八・五％；最低是秋田縣，只有二一・八％。到了二〇一七年，各地平均比例攀升至五九・七％。從這個數字可看出，這五年來，日本各地的手機上網人口不斷增加。

然而，都市和地方的比例差距依然沒有縮小，最高是東京都的六八・五％，最低是青森縣的四五・九%。5G能刺激地方發展，卻不一定能拉近地方與都市在通訊數字上的差距。想要縮短格差，重點在於地方能否創造新的通訊需求。

## 地區之間的數位差距

第一章在介紹日本國內的5G發展狀況時，曾提到「5G特定基地台開設計畫」。在5G計畫開跑前，日本總務省都是以人口覆蓋率作為頻率分配的評鑑指標，所以4G前的基地台，大多都是從大都市圈開始擴張。然而，在評鑑5G時，總務省卻改以區域覆蓋率為評鑑指標，導致大都市圈不再占有「先建優勢」。這個改變可看出日本政府的政策方向——利用5G促進地方發展。

目前政府分配的5G電波有「sub-6GHz」的3・7GHz、4・5GHz，以及「毫米波」的28 GHz，這些電波是目前分配出去的電波中，頻率最高的。高頻率電波具有易衰減、不易衍射的特性，受到遮蔽就會縮短傳遞距離。也因為這個原因，廣域鋪設5G環境時，一定要建設多座基地台，否則很容易收不到訊號。在這樣的情況下，通訊業者自然需要投入較高的設備投資費用。

我們在第一章已看過各家公司的5G設備投資額，到二〇二四年底為止，NTT DOCOMO預計投入約八千億日圓，KDDI約四千七百億，軟銀和樂天都是差不多兩千億。

這些金額看似龐大，但其實，日本三大通訊業者每年的設備投資額，約介於五千億到六千億日圓。就這個數字來看，上述投資額其實相當保守。5G設備投資就像無底洞，但各家公司都相當節制，有效率地進行規劃。也就是說，這些公司會努力滿足民眾對5G的需求，但對那些對5G較無須求的區域，投資起來可能就沒那麼積極了。

正如我前面所強調的，想要電信公司多蓋一些基地台，就必須盡可能地增加5G需求。

大都市圈的通訊需求較高，基本上有一定的投資報酬率，通訊業者在設備投資方面自然較為積極。問題在於地方，因日本政府是以區域覆蓋率作為5G的評鑑指標，而非人口覆蓋率，所以地方也能使用5G。

如果地方能夠積極運用5G網路、提升5G需求量，通訊業者就會進一步增建基地台。基地台增加後，有了更完善的 5G 環境，新服務與新商機相應而生，進而形成良性循環。

因 5G 基地台的覆蓋率較小，日本的「5G 發達區」可能不是以都（東京都）、道（北海道）、府（京都府、大阪府）、縣（其他各縣）為單位，而是更小的市、區、町、村來劃分。相對地，地區若不積極活用 5G，可能很難吸引通訊業者前來投資。

都市與地方、積極地區與消極地區之間的數位差距，不但會影響地區居民的網路使用環境，還會拉開兩地居民的資訊科技素養。

第二章在介紹「社會 5．0」時，曾提到現在通訊業者不斷與地方公共團體結盟，地方公共團體也相當積極地回應。通訊業者是為了拓展 5G 市場，地方公共團體則是擔心落入數位差距的窘境。

在這樣的環境下，地方公共團體不應被動地等待業者建構 5G 環境，而是主動拓展 5G 的應用之道，「吸引」電信公司前來投資，進一步振興 5G 產業。

# 5 天有不測風雲，5G也有難航風險

## 沒人想要滿盤皆輸

正如第一章所說，如果你只是要使用現有的服務與功能，4G其實就很夠用了。也因為這個原因，我們才要不斷推陳出新，創造5G的通訊需求。

根據日本MMD研究公布的「二〇一八年十一月影音服務使用與通訊業者的選擇調查」結果，在智慧型手機用戶中，使用智慧型手機觀看影片的人口比例為七〇・六%，其中「十到十九歲」為九〇・六%，「二十到二十九歲」為七九・五%。隨著年齡增長，人口比例也逐漸下降，「六十到六十九歲」只剩下五五・三%。

就這些數字來看，中老年人用手機看影片還有很大的成長空間。再加上，今後會有愈來愈多功能型手機用戶換成智慧型手機，民眾對流量的需求將只增不減。

不過，智慧型手機和平板電腦的通訊資費一直在調降，即便5G開通，資費也不會水漲船高。在「B2C」的模式下，今後通訊費用將仍在電信業者收入中占有高比例，並逐步慢慢遞減。

然而，5G設備投資需要巨額資金，光靠B2C的通訊收入是不足以應付這筆支出的。在這樣的情況下，通訊業者勢必要轉型為「B2B2X」模式。B2B2X不單單只是通訊業者的新收入機會，更是勢在必行的必須要件。

若通訊業者不積極投資5G設備、打造完善的5G環境，自然就無法推出新服務或新功能。這不僅會對通訊業者自身造成打擊，也會把服務供應商、消費者一起拖下水，陷入「滿盤皆輸」的惡性循環當中。

美韓等國，之所以急於建設5G環境，一方面也是因為想要成為各種新產業的龍頭。日本沒必要跟其他國家「搶快」，但如果只是躊躇不前，最後只會在這場全球創新爭奪戰中，慘遭淘汰。

## 眾所期待的「自動駕駛」

想運用5G打造前述的良性循環，就必須儘早建構完善的「B2B2X」模式。目前通訊業者正積極與服務供應商企劃專案並進行實測。其中，自動駕駛是非常值得探討的主題之一，產業界應互相合作發展自動駕駛，藉此創造大量的5G需求。推行自動駕駛還需要一段時間，但要知道，若沒有實質作為，等多久都只是在「空等」罷了。

在「5G特定基地台開設計畫」中，區域覆蓋率是以每十公里╳十公里的方格內能設置多少基地台來計算。比較麻煩的是，自動駕駛需要的並非這種以「面」為伸展的通訊環境，而是在特定的路徑上（比方像是高速公路）高速移動時，也能支援訊號切換的邊緣運算通訊，這和智慧型手機的「區域覆蓋」是不同的概念。

因此，要發展自動駕駛，必須由利害關係者進行協商，像是汽車公司、材料廠商、高速公路營運業者、通訊業者、地方公共團體、政府單位的監督機構……等，一同設計打造商業模式與網路結構。

為什麼需要上述業者共同合作呢？如果汽車業者和通訊業者，在沒有溝通的情況下各自努力，未免也太沒有效率；讓單家企業獨自進行設備投資，經濟負擔未免太過沉重。也就是說，只靠小貓兩三隻的努力，根本無法打造完善的自動駕駛環境。

如今，汽車公司正致力發展自動駕駛技術，電信公司也積極開發智慧型手機以外的通訊需求，汽車駕駛也很期待安全舒適的自駕功能——大家都在引頸期盼，希望能趕快建構出能支援自動駕駛的5G網路環境。

今後，汽車業和通訊業必須攜手合作。光靠企業的單打獨鬥，是無法實現自動駕駛的。在這個汽車互相通聯的時代，競爭對手之間也必須互相幫助，才能開創理想未來。

「自動駕駛」是B2B2X模式中眾所期待的發展項目。請容我再次強調，我們必須積極創造5G需求，否則可能導致5G難航。一旦5G發展不如預期，不僅會對通訊業者造成衝擊，所有產業勢必都會受到影響，白白喪失創新的機會。

基於以上原因，各行各業應攜手共進，盡可能地做出成功案例，刺激電信公司進行設備投資，又或是推出新服務，進而在產業界形成良性循環。

# CHAPTER 05

# 5G 時代的應變之道

## 5G時代にわれわれは何をすべきか

# 1 主角換人做做看

看到這裡，相信各位已對5G的發展性和可能引發的危機，瞭然於心。在最後一章中，我想跟各位談談5G時代的應變之道。

## 重心的轉移：從「通訊業者」到「服務供應商」

從4G升級5G最重要的變化是什麼呢？與其說是「技術」，不如說是「商業模式」。前面多次提到的「B2B2X模式」，可不僅僅是在「B2C」、「B2B」模式中間插入「服務供應商」而已，還具有更重要的意義。

目前無論是新手機還是新費率方案，都是由通訊業者進行宣傳與銷售工作。根據日本的廣告調查機構——「CM綜合研究所」所公布的「二〇一八年度（二〇一七年十一月至二〇一八年十月）廣告好感度排名」，第一名是KDDI，第二名是軟銀，第三名是NTT DOCOMO。日本三大行動通訊業者獨占鰲頭，包下了前三名。

事實上，KDDI已連續四年奪下冠軍寶座，二〇一七年度的第二名是NTT DOCOMO，第三名是軟銀。三大行動通訊業者已連續兩年包辦前三名，順帶一提，第四名是網路人力銀行Indeed，第五名是Y!mobile。

根據全球最大的品牌顧問公司——Interbrand日本分公司所做的調查，「二〇一九年日本最佳國內品牌」的冠軍寶座由NTT DOCOMO拿下，第二名是軟銀，第三名是au；二〇一八年的前三名也是由這三家電信公司包下，而第四名是瑞可利（Recruit），第五名是樂天。

由此可見，這些通訊業者在日本社會具有舉足輕重的地位，他們除了是電信界的王者，更是生活服務產業的霸主。然而，5G時代改以B2B2X為主要商業模式後，這些電信業者很可能會退居幕後，改由「服務供應商」擔任主角——這可是前所未有的革命性變化。

當然，通訊業者的地位還是很重要，只是改由服務供應商擔任主體，為終端用戶提供價值。通訊事業成功與否，將取決於服務供應商的創意，這無疑是電信業界的一大變革。通訊業者也早已察覺到這個趨勢，他們積極與服務供應商加強合作關係，設法於新商業模式中取得一席之地。

## 被動承受不如主動運用

正如本書開頭所述，二〇一九年是「5G元年」，5G智慧型手機等裝置，將為我們帶來前所未有的功能與服務。

看到這裡，相信各位對「5G革新」已有相當的概念。但文字終究只是文字，5G正式啟用後，各位體驗過這些新服務、新功能，一定會更「有感」。

5G時代的主角是服務供應商。即便你不是通訊業的相關人士，也一定能受到5G的啟發。機會人人都有，重點在於你是否能抓住機會並靈活運用，為自家客戶提供新價值。

服務供應商並非被動地承受 5G 帶來的改變，唯有積極嘗試、主動運用，才有機會成為新時代的「勝利組」。我之所以寫這本書，最主要就是為了讓各位了解這個道理。

# 2 5G時代的基本結構

前面舉了很多5G的運用案例，相信各位已經發現，這些案例都離不開「感應器」、「雲端」、「執行器」這三樣東西。

感應器蒐集到數據後，先經由5G傳輸，透過邊緣運算或雲端進行分析，再將分析結果用5G回傳，讓系統驅動執行器，將電子訊號轉換為機器人等裝置的物理運作。

目前感應器趨向多元，功能也愈來愈精緻，但地位依然比不上「鏡頭」。鏡頭可取代大多數的感應器，即便是看似跟鏡頭無關的「溫度感應器」，也可透過直接拍攝溫度計的方式，回傳畫面進行圖像解析，進而取得所需的數據。你沒看錯，鏡頭就是這麼萬用又神奇。

只要將圖像解析技術結合大流量網路，就能讓鏡頭搖身一變成為感應器。再加上，有些內容只有鏡頭才偵測得到，像是前面提到的「可疑舉動」就是其中之一，所以5G時代發展感應器的首要之務，就是開發攝影鏡頭的應用途徑。

人工智慧的分析工作，主要都是在雲端進行。

為什麼呢？因為人工智慧必須靠機器學習、深層學習來處理感應器鏡頭所蒐集到的大量資訊，這需要大量的運算資源，所以較適合在雲端進行。

人工智慧放在雲端還有一個優點，那就是可供全球各地使用。在使用不允許網路延遲的功能時，若能將運算法輸入位於感應器、執行器附近的邊緣伺服器，就能使用邊緣運算進行解析。這麼一來，無須經過網際網路，即可馬上回傳做出反應。若需要將回傳內容化作「看得見」的結果，只要加裝螢幕即可。

但是，如果執行器需要高可靠度和低延遲的操作環境，5G還是你的最佳選擇。

在汽車、機器人上加裝執行器即可啟用「互聯功能」。5G的網路資源很豐富，運用方式也相當靈活，在設計互聯功能時較沒有通訊上的限制。

總的來說，感應器、雲端、執行器今後將互助運作，透過互聯的方式完成任務——這也是5G時代的基本結構。

服務供應商應思量，如何將自家事業與這樣的結構做結合，將現有功能轉為「互聯功能」，為終端用戶提供全新的服務。

# 3 服務供應商的應對之道

那麼，服務供應商今後該如何自處呢？相信看到這裡，很多人對「服務供應商」還是沒什麼概念。還記得第二章介紹的「LIVE BOARD」嗎？LIVE BOARD是NTT DOCOMO與電通合開的數位戶外廣告公司。接下來，我們來想像一下，如果LIVE BOARD是B2B2X模式中的「服務供應商」，會發生什麼事呢？

首先，有了NTT DOCOMO的5G網路支援，LIVE BOARD可在任何地方設置數位廣告看板。大至掛在廣場、大型建築物上的超大型看板，小至計程車後座、電車上的小型移動看板，LIVE BOARD只需要配合不同種類的看板、調整成最佳通訊環境即可。

調整過程需要拉網路線嗎？當然不用，從頭到尾使用軟體就能搞定。只要有人潮，任何空間都可化作廣告媒體。

不僅如此，LIVE BOARD還可運用NTT DOCOMO所持有的「行動空間統計」，掌握經常經過電子看板設置處的「潛在觀眾」。甚至在電子看板上裝置鏡頭，從長相、服裝來分析路人的「屬性」。

不過，過程中還需特別注意隱私問題，系統應只將邊緣運算解析的結果，也就是「屬性」上傳到雲端，長相等涉及隱私的畫面，應在處理完就自動刪除。

那麼，要怎麼把目標顧客「吸引」到平常他們不會去的地方呢？NTT DOCOMO的「d紅利點數」就是不錯的誘因。他們可運用「來店認證」的方式，有效驗證廣告是否有發揮效果。若能配合電子貨幣結帳，還可減少結帳排隊的等待時間，讓整體消費過程更加流暢。

透過5G、邊緣伺服器、終端用戶數據、紅利點數系統、來電認證、無現金交易等一連串結合，LIVE BORAD不只能播放廣告，還能為廣告主提供統合式的行銷支援。

當然，上述不過是我們的想像。但這個案例告訴我們，服務供應商只要採取「數據驅動式經營」，運用終端用戶的大數據來進行決策，並善用「誘因」引導終端用戶，就能為自己開啟新的局面與商機。

至於資料的管理與運用，服務供應商可依情況在自家公司處理，又或是交給通訊業者進行，自己則全心全意為顧客創造價值。

服務供應商今後將面對兩個非常重要的課題，一是如何運用5G提升對顧客的服務價值，二是如何推動數據驅動式經營來提升營運效率。服務供應商該如何在B2B2X模式中「除舊佈新」？過程中又該如何跟通訊業者攜手合作？上面以LIVE BOARD為例，為各位提供了一個思考方向。

# 4 「一切皆服務」——朝「訂閱型服務」邁進

## 從軟體面極速擴展

看完上面的介紹，相信各位都對「服務供應商」跟「通訊業者」的合作方式都較有頭緒了。接下來，我們來談談服務供應商對終端用戶的一種服務概念——「一切皆服務（X as a Service，以下簡稱 XaaS）」。

看到這個「XaaS」，你是否也聯想到了第三章介紹的「MaaS（公共運輸行動服務）」呢？事實上，「MaaS」就是「XaaS」的一種。

最早的「aaS」可追朔到「SaaS（Software as a Service）」，也就是「軟體即服務」——

兩千年代中期雲端運算普及後，軟體開始改在雲端上提供服務，取代傳統的軟體光碟套件。

這麼一來，當軟體推出新版本時，用戶就無須特別購入光碟，花少少的錢即可更新成最新版本。軟體公司也省去了管理各種版本的麻煩，從收入較不穩定的「賣斷型商品」轉型為「訂閱型服務」，採按月收費等方式，跟用戶收取使用費用。

「SaaS」因對買賣雙方都有利，很快就以雷霆之勢席捲了整個網路界。像是微軟（Microsoft）的 Office、Adobe 的 Creative Suite 這些廣為世人使用的軟體，都推出了 office365、Creative Cloud 這種 SaaS 型的訂閱服務。

除了「SaaS」，資訊系統的各種構成要素也逐漸「服務化」，像是「平台皆服務（Platform as a Service，簡稱 PaaS）」、「基礎設施皆服務（Infrastructure as a Service）」……等都是，資產的設置地點也漸漸從「自家公司」轉移至「雲端」。這個概念不僅能運用在資訊系統，任何有形商品都可衍伸出無形服務，進而形成「XaaS」——「一切皆服務」。

## 當「價值與成效」取代「資產」

這裡，我要舉一個簡單易懂的 XaaS 例子——製造業的「服務化」。

還記得，第二章提到的「數位後視鏡」嗎？「數位後視鏡」為買車的選配項目之一，是車商提供的有形「商品」。但是，只要在數位後視鏡上加裝連線功能，就能採按月收費的方式，為消費者提供安全駕駛的支援「服務」。不僅如此，韌體還可隨時連線，自動更新版本又或是新增功能。

這麼一來，車商就能從原本的「賣斷商品」進一步提供「訂閱型服務」，賣出汽車後仍能按月向消費者收取費用。就像前述微軟、Adobe 等 SaaS 的例子一樣，各行各業都能透過 XaaS 來提升營業額。

小松製作所推出工地礦坑機器遠距操作系統，也是一樣的道理。小松製作所是製造建設機器的廠商，但他們可不是「賣出機器」就沒事了，還為營建業者、採礦業者提供「遠距操作服務」，來賺取額外的報酬。

營建機器、採礦機器的需求容易跟著資源價格產生變動。小松製作所透過提供服務的方式，為自己創造更穩定的收入來源。

要知道，顧客需要的不是企業的資產，而是資產所產生的價值與成效。今後在5G「萬物聯網」環境中，服務供應商必須推出各種服務與功能，而非銷售商品。如何吸引顧客使用自家服務，也成了服務供應商必須思考的課題。

XaaS型的服務與功能，相當適合採用「訂閱型收費」。「訂閱型收費」不但能降低顧客享用服務的門檻，也能讓自家公司的收入更加穩定。可以想見，「XaaS型的訂閱服務」將成為5G時代的標準服務模式。

# 5 後5G，然後是6G

## 「1Tbps資料傳輸」即將成真

本書闡述了許多5G的未來藍圖，但其實，現在已有國家開始研發5G之後的「後5G（Beyond 5G）」和「6G」。事實上，無線傳輸在「速率」和「流量」上仍具有發展空間；5G開通後，隨著產業用途愈來愈廣，「高可靠度」、「低延遲」、「大規模裝置連結」等技術要件也將陸續出現進一步的發展。

二〇一八年五月，NTT在實驗室的特殊環境中，成功用毫米波完成了十公尺的100Gbps檔案傳輸實驗。

大流量方面則有「OAM－MIMO技術」。「OAM」為「軌域角動量（Orbital Angular Momentum）」，是量子力學中表示電波性質的物理量；「MIMO」則是「多輸入多輸出（Multi-input Multi-output）」之意。因不同OAM的電波疊在一起也可分離，所以能在同一時間、同一頻率中可取得多條傳送途徑（檔案通道）——「OAM－MIMO」就是運用這樣的特性開發出來的技術。

同年六月，NTT宣布他們已在「兆赫輻射（Terahertz Radiation）」的300GHz中，成功以100Gbps的速率傳送檔案。也就是說，目前技術已能用比毫米波更高頻率的電波，來取得更大的頻段。

該實驗使用的是25 Ghz頻段。這個頻段有多大呢？政府二〇一九年四月分配給通訊業者的毫米波一組為400MHz，相比之下，兩個數字的差距就很明顯了。但要注意的是，該實驗的傳送距離為二點二公尺，今後還得解決高頻率傳輸距離較短的問題。

NTT不斷發展「多輸入多輸出技術」和「高頻率活用技術」，預計透過多重技術的結合，將資料傳輸提高至「1Tbps」。這裡的「T」是「Tera」，也就是「Giga

（G）」的千倍單位。

如今就連5G用途都尚未有定論，要談論這種大流量無線通訊要用在哪裡，未免言之過早。但可以確定的是，目前已有人開始研發各種「後5G」和「6G」的無線傳輸技術。

## 二〇一九年，起步迎新

美國在6G領域也發揮了世界領頭羊的風範，不斷推出新的研究。美國國防部的研究機關——「國防高等研究計畫署（Defense Advanced Research Projects Agency，簡稱DARPA）」目前正執行「100GB/s RF Backbone計畫」，早在二〇一八年一月，就於洛杉磯的實驗中完成100Gbps的傳輸。

該署目前於「ComSenTer（Center for Converged TeraHerts Communications and Sensing）」研究中心中進行各種6G研究，策劃如何將兆赫輻射運用在行動通訊系統上，並推行「Spectrum Collaboration Challenge計畫」，開發自動分配最佳頻率的演算法。

美國的電信主管機關——「聯邦通信委員會（Federal Communications Commission，簡稱FCC）」也正為6G做準備。他們已在二〇一九年三月通過決議，開放包含兆赫輻射的頻段（95GHz-3THz）供實驗使用。

有些國家還沒啟用5G，全球卻已在往後5G、6G邁進。

正如本書開頭所強調的，今後通訊量將持續飆升，隨著行動通訊系統的升級，新功能、新服務，有如雨後春筍般不斷冒出。人們對通訊的要求將愈來愈高，進而催生出新的行動通訊系統。

放眼現今社會，還有許多東西尚未數位化，一想到這些東西將來都可能數位流通，就令人對5G之後的未來通訊，充滿期待。

手機於一九八〇年代起步，於二〇〇〇年代進化成智慧型手機，成為我們生活中不可或缺的存在，5G也在二〇一九年日本進入令和時代後，準備啟動。

如今所有服務、商業模式中都少不了行動通訊系統，智慧型手機這類個人裝置不過是廣大應用中的冰山一角。我們不應被動地消費5G，而是要積極嘗試，將5G作為數位轉型平台，主動應用在自家公司的服務與實務上。

高通公司曾說：「5G將成為發明的平台（5G will be the platform for invention）」。5G賦予了每個人創造新價值的機會，為以往無關通訊的產業帶來了全新的創新與競爭。

二〇一九年，讓我們一起開啟5G的大門，迎向充滿希望的未來。

Top 006

# 5G 來了！

## 生活變革、創業紅利、產業數位轉型，搶占全球 2510 億美元商機，人人皆可得利的未來，你準備好了嗎？

5Gビジネス

作　　者　龜井卓也
譯　　者　劉愛夌
責任編輯　魏珮丞
美術設計　兒日設計
排　　版　JAYSTUDIO

社　　長　郭重興
發行人兼出版總監　曾大福
總 編 輯　魏珮丞
出　　版　新樂園出版／遠足文化事業股份有限公司
發　　行　遠足文化事業股份有限公司
地　　址　231 新北市新店區民權路 108-2 號 9 樓
電　　話　(02)2218-1417
傳　　真　(02)2218-8057
郵撥帳號　19504465
客服信箱　service@bookrep.com.tw
官方網站　http://www.bookrep.com.tw
法律顧問　華洋國際專利商標事務所 蘇文生律師
印　　製　呈靖印刷

初　　版　2019 年 12 月
初版四刷　2021 年 2 月
定　　價　360 元
ISBN　978-986-98149-5-9



國家圖書館出版品預行編目 (CIP) 資料

5G 來了！: 生活變革、創業紅利、產業數位轉型，搶占全球 2510 億美元商機，人人皆可得利的未來，你準備好了嗎？
龜井卓也著；劉愛夌譯 —— 初版 —— 新北市：新樂園出版：遠足文化發行，2019.12
240 面；14.8 × 21 公分 —— (Top ; 6)
譯自：5Gビジネス

ISBN 978-986-98149-5-9（平裝）

1. 無線電通訊業 2. 技術發展 3. 產業發展

484.6　　108019665